对接世界技能大赛技术标准创新系列教材

技工院校一体化课程教学改革数控加工专业教材

简单零件数控铣床加工

人力资源社会保障部教材办公室　组织编写

中国劳动社会保障出版社

内容简介

本套教材为对接世赛标准深化一体化专业课程改革数控加工专业教材，对接世赛数控车、数控铣项目，学习目标融入世赛要求，学习内容对接世赛技能标准，考核评价方法参照世赛评分方案，并设置了世赛知识栏目。

本书主要内容包括模具模板的数控铣加工、定位板的数控铣加工、端盖的数控铣加工、模具推料板的数控铣加工、槽轮的数控铣加工。

图书在版编目（CIP）数据

简单零件数控铣床加工 / 人力资源社会保障部教材办公室组织编写 . -- 北京：中国劳动社会保障出版社，2021

对接世界技能大赛技术标准创新系列教材　技工院校一体化课程教学改革数控加工专业教材

ISBN 978-7-5167-4792-6

Ⅰ. ①简…　Ⅱ. ①人…　Ⅲ. ①数控机床 – 铣床 – 零部件 – 加工 – 技工学校 – 教材　Ⅳ. ①TG547

中国版本图书馆 CIP 数据核字（2021）第 033676 号

中国劳动社会保障出版社出版发行

（北京市惠新东街 1 号　邮政编码：100029）

*

北京市白帆印务有限公司印刷装订　　新华书店经销

880 毫米 ×1230 毫米　16 开本　11.75 印张　273 千字

2021 年 4 月第 1 版　　2025 年 1 月第 7 次印刷

定价：33.00 元

营销中心电话：400-606-6496

出版社网址：http://www.class.com.cn

http://jg.class.com.cn

对接世界技能大赛技术标准创新系列教材

本书编审人员

主　　编：高进祥

参　　编：孙春花　朱　敏　常小琴　徐　燕　陈烨妍　史永利

主　　审：崔兆华

序

世界技能大赛由世界技能组织每两年举办一届，是迄今全球地位最高、规模最大、影响力最广的职业技能竞赛，被誉为“世界技能奥林匹克”。我国于2010年加入世界技能组织，先后参加了五届世界技能大赛，累计取得36金、29银、20铜和58个优胜奖的优异成绩。第46届世界技能大赛将在我国上海举办。2019年9月，习近平总书记对我国选手在第45届世界技能大赛上取得佳绩作出重要指示，并强调，劳动者素质对一个国家、一个民族发展至关重要。技术工人队伍是支撑中国制造、中国创造的重要基础，对推动经济高质量发展具有重要作用。要健全技能人才培养、使用、评价、激励制度，大力发展技工教育，大规模开展职业技能培训，加快培养大批高素质劳动者和技术技能人才。要在全社会弘扬精益求精的工匠精神，激励广大青年走技能成才、技能报国之路。

为充分借鉴世界技能大赛先进理念、技术标准和评价体系，突出“高、精、尖、缺”导向，促进技工教育与世界先进标准接轨，完善我国技能人才培养模式，全面提升技能人才培养质量，人力资源社会保障部于2019年4月启动了世界技能大赛成果转化工作。根据成果转化工作方案，成立了由世界技能大赛中国集训基地、一体化课改学校，以及竞赛项目中国技术指导专家、企业专家、出版集团资深编辑组成的对接世界技能大赛技术标准深化专业课程改革工作小组，按照创新开发新专业、升级改造传统专业、深化一体化专业课程改革三种对接转化原则，以专业培养目标对接职业描述、专业课程对接世界技能标准、课程考核与评价对接评分方案等多种操作模式和路径，同时融入健康与安全、绿色与环保及可持续发展理念，开发与世界技能大赛项目对接的专业人才培养方案、教材及配套教学资源。首批对接 19 个世界技能大赛项目共 12 个专业的成果将于 2020—2021 年陆续出版，主要用于技工院校日常专业教学工作中，充分发挥世界技能大赛成果转化对技工院校技能人才的引领示范作用。在总结经验及调研的基础上选择新的对接项目，陆续启动第二批等世界技能大赛成果转化工作。

希望全国技工院校将对接世界技能大赛技术标准创新系列教材，作为深化专业课程建设、创新人才培养模式、提高人才培养质量的重要抓手，进一步推动教学改革，坚持高端引领，促进内涵发展，提升办学质量，为加快培养高水平的技能人才作出新的更大贡献！

2020年11月

目　　录

学习任务一　模具模板的数控铣加工……………………………………（1）
　学习活动 1　数控铣床及其操作……………………………………（5）
　学习活动 2　数控铣削指令……………………………………（16）
　学习活动 3　模具模板加工工艺分析与编程……………………………………（20）
　学习活动 4　模具模板的加工……………………………………（30）
　学习活动 5　模具模板的检验与质量分析……………………………………（37）
　学习活动 6　工作总结与评价……………………………………（40）
学习任务二　定位板的数控铣加工……………………………………（45）
　学习活动 1　定位板加工工艺分析与编程……………………………………（49）
　学习活动 2　定位板的加工……………………………………（63）
　学习活动 3　定位板的检验与质量分析……………………………………（67）
　学习活动 4　工作总结与评价……………………………………（70）
学习任务三　端盖的数控铣加工……………………………………（78）
　学习活动 1　端盖加工工艺分析与编程……………………………………（82）
　学习活动 2　端盖的加工……………………………………（97）
　学习活动 3　端盖的检验与质量分析……………………………………（102）
　学习活动 4　工作总结与评价……………………………………（106）
学习任务四　模具推料板的数控铣加工……………………………………（111）
　学习活动 1　模具推料板加工工艺分析与编程……………………………………（115）
　学习活动 2　模具推料板的加工……………………………………（130）
　学习活动 3　模具推料板的检验与质量分析……………………………………（134）
　学习活动 4　工作总结与评价……………………………………（138）
学习任务五　槽轮的数控铣加工……………………………………（148）
　学习活动 1　槽轮加工工艺分析与编程……………………………………（152）
　学习活动 2　槽轮的加工……………………………………（160）
　学习活动 3　槽轮的检验与质量分析……………………………………（164）
　学习活动 4　工作总结与评价……………………………………（167）

附录…………（173）
附表 1…………（173）
附表 2…………（174）
附表 3…………（175）
附表 4…………（176）
附表 5…………（177）
附表 6…………（178）

学习任务一　模具模板的数控铣加工

学习目标

1. 能了解数控车间与工作区的范围和限制，理解企业对环境、安全、卫生和事故预防的标准。

2. 能检查工作区、设备、工具、材料的状况和功能。

3. 能阅读生产任务单，明确工作任务，制订合理的工作计划。

4. 能对模具模板零件图进行正确的分析。

5. 能借助机械手册，查阅零件毛坯的材料牌号、几何公差和切削用量等知识，理解机械手册在生产中的重要性。

6. 能根据任务书、零件图加工要求，通过查阅数控加工工艺学，分析并制定模具模板的数控加工工艺，正确、规范地填写模具模板加工工艺卡。

7. 能合理制定模具模板的数控加工工序，填写数控加工工序卡。

8. 能完成模具模板数控加工程序的编制。

9. 能正确、规范地对模具模板进行数控铣加工。

10. 能按车间现场“6S”管理规定和产品工艺流程的要求，正确放置工具、产品，正确、规范地保养机床，进行产品交接并规范填写交接班记录表。

11. 能对模具模板进行正确的测量，评估与判断零件质量是否合格，并提出改进措施。

12. 能主动获取有效信息，展示工作成果，对学习与工作进行反思总结，优化方案和策略，具备知识迁移能力。

13. 能与班组长、工具管理员等相关人员开展良好合作，进行有效的沟通。

14. 能在作业过程中严格执行企业操作规范、安全生产制度、环保管理制度以及“6S”管理规定，严格遵守从业人员的职业道德，树立吃苦耐劳、爱岗敬业的工作态度和职业责任感。

建议学时

60 学时。

工作情境描述

某企业接到一批（30 件）模具模板零件（图 1–1）加工订单，材料为 45 钢，毛坯尺寸为 202 mm×152 mm×22 mm，生产主管计划用数控铣床进行加工。该零件为板状，尺寸精度为 IT10 级，模具模板上表面与下表面平行度为 0.02 mm。

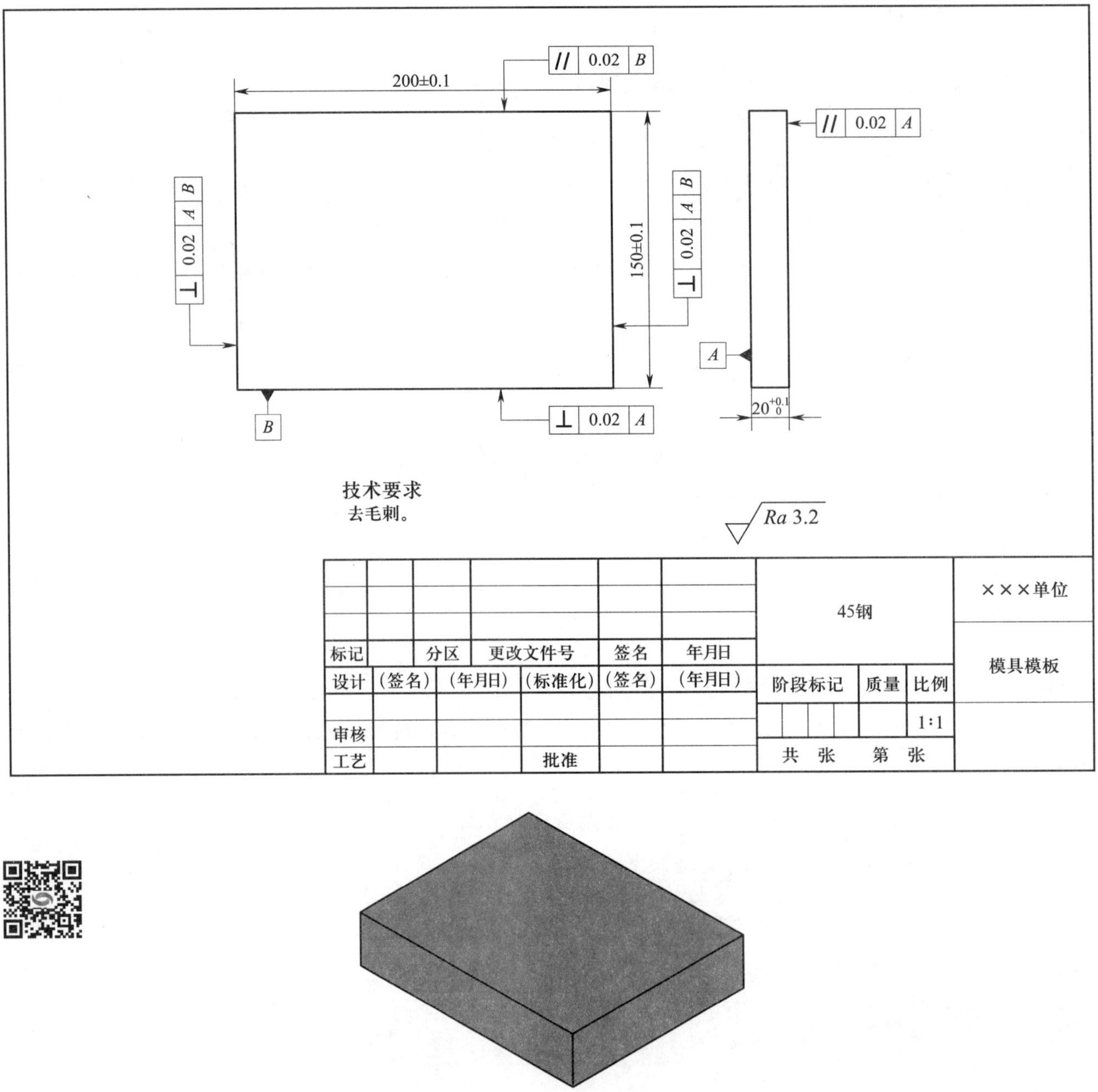

200±0.1

// 0.02 B

150±0.1

⊥ 0.02 A B

⊥ 0.02 A

// 0.02 A

A

B

$20^{+0.1}_{0}$

技术要求

去毛刺。

Ra 3.2

						45钢	×××单位
标记		分区	更改文件号	签名	年月日		模具模板
设计	(签名)	(年月日)	(标准化)	(签名)	(年月日)	阶段标记 质量 比例	
						1:1	
审核							
工艺			批准			共 张 第 张	

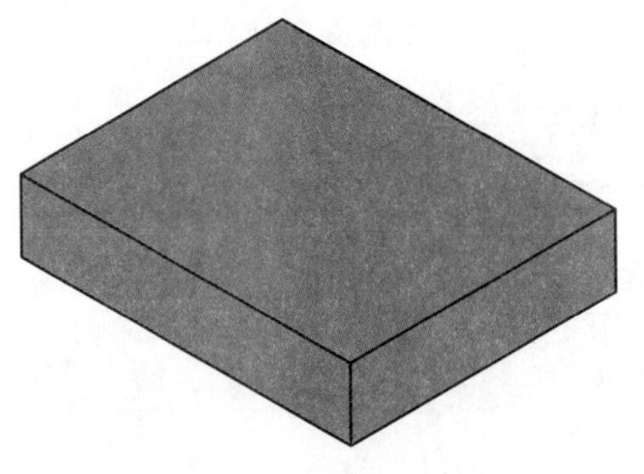

图 1–1 模具模板零件图

工作流程与活动

1．数控铣床及其操作（18 学时）

2．数控铣削指令（8 学时）

3．模具模板加工工艺分析与编程（8 学时）

4．模具模板的加工（18 学时）

5．模具模板的检验与质量分析（4 学时）

6．工作总结与评价（4 学时）

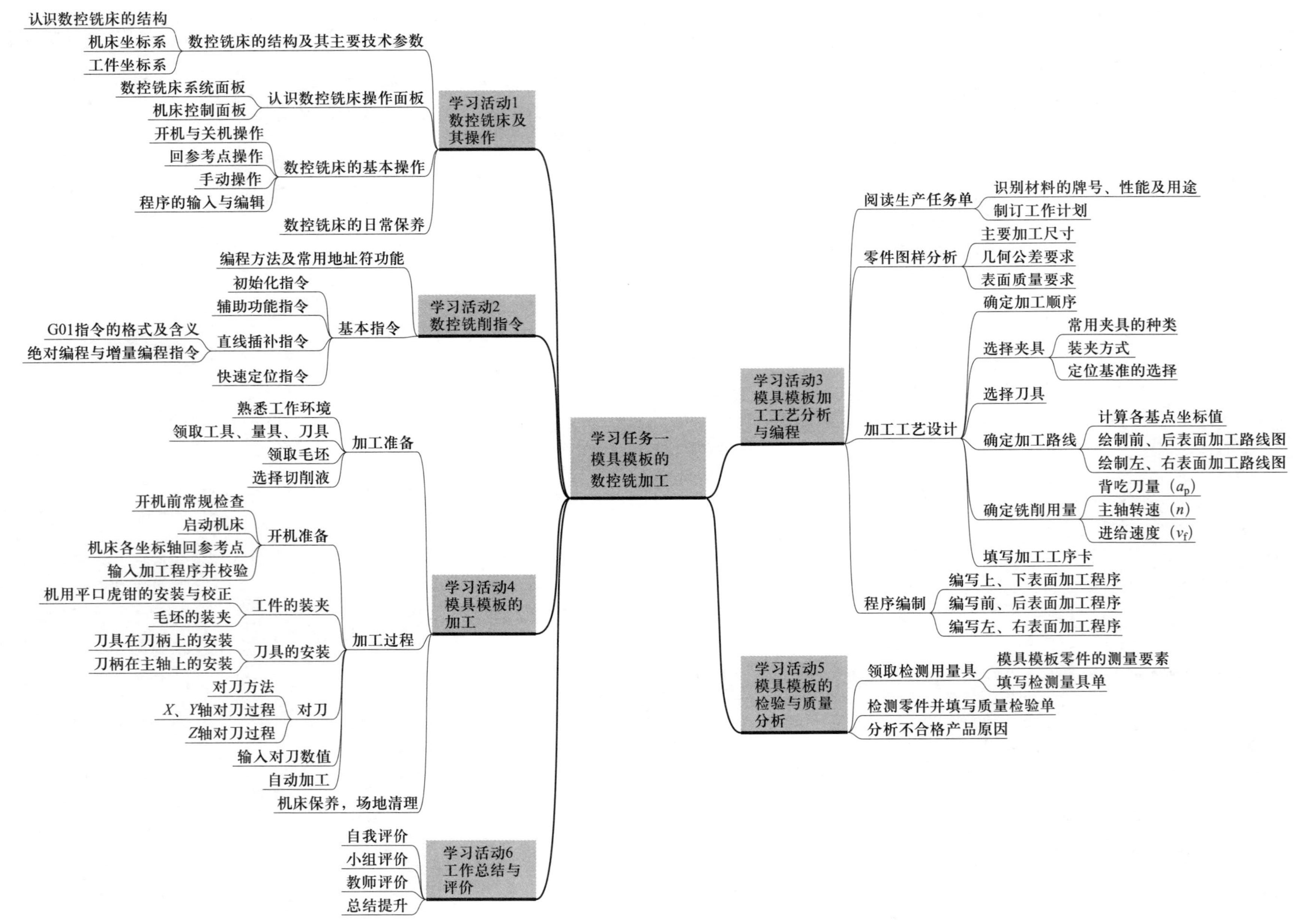
学习任务一 模具模板的数控铣加工
学习活动1 数控铣床及其操作
认识数控铣床的结构
机床坐标系
工件坐标系
数控铣床的结构及其主要技术参数
数控铣床系统面板
机床控制面板
认识数控铣床操作面板
开机与关机操作
回参考点操作
手动操作
程序的输入与编辑
数控铣床的基本操作
数控铣床的日常保养
学习活动2 数控铣削指令
编程方法及常用地址符功能
初始化指令
辅助功能指令
G01指令的格式及含义
绝对编程与增量编程指令
直线插补指令
快速定位指令
基本指令
学习活动3 模具模板加工工艺分析与编程
阅读生产任务单
识别材料的牌号、性能及用途
制订工作计划
零件图样分析
主要加工尺寸
几何公差要求
表面质量要求
加工工艺设计
确定加工顺序
选择夹具
常用夹具的种类
装夹方式
定位基准的选择
选择刀具
确定加工路线
计算各基点坐标值
绘制前、后表面加工路线图
绘制左、右表面加工路线图
确定铣削用量
背吃刀量（a_p）
主轴转速（n）
进给速度（v_f）
填写加工工序卡
程序编制
编写上、下表面加工程序
编写前、后表面加工程序
编写左、右表面加工程序
学习活动4 模具模板的加工
加工准备
熟悉工作环境
领取工具、量具、刀具
领取毛坯
选择切削液
加工过程
开机准备
开机前常规检查
启动机床
机床各坐标轴回参考点
输入加工程序并校验
工件的装夹
机用平口虎钳的安装与校正
毛坯的装夹
刀具的安装
刀具在刀柄上的安装
刀柄在主轴上的安装
对刀
对刀方法
X、Y轴对刀过程
Z轴对刀过程
输入对刀数值
自动加工
机床保养，场地清理
学习活动5 模具模板的检验与质量分析
领取检测用量具
模具模板零件的测量要素
填写检测量具单
检测零件并填写质量检验单
分析不合格产品原因
学习活动6 工作总结与评价
自我评价
小组评价
教师评价
总结提升

学习活动 1　数控铣床及其操作

学习目标

1. 能了解数控车间与工作区的范围和限制，理解企业对环境、安全、卫生和事故预防的标准。

2. 能检查工作区、设备、工具、材料的状况和功能。

3. 能熟悉数控铣床的组成、结构和功能。

4. 能熟悉数控铣床系统面板和控制面板各按钮的作用。

5. 能应用右手笛卡儿直角坐标系判别数控铣床的各控制轴及方向。

6. 能熟练操作数控铣床。

7. 能正确装夹工件，并对其进行找正。

8. 能正确装夹机床用平口虎钳，并对其进行找正。

9. 能正确进行数控铣刀的对刀。

10. 能根据“6S”管理规定，对数控设备进行日常维护和保养。

建议学时：18 学时。

学习过程

一、数控铣床的结构及其主要技术参数

1．认识数控铣床的结构

（1）查阅相关资料，指出图 1-2 所示数控铣床主要组成部分的名称及功能。

图 1–2　数控铣床

（2）查阅相关资料，了解所用数控铣床的主要技术参数，并完成表 1–1。

表 1–1　数控铣床主要技术参数

项目	主要技术参数	项目	主要技术参数
机床型号		机床总功率	
数控系统		工作台面规格	
床身结构		工作行程	

2．机床坐标系与工件坐标系

（1）数控铣床坐标系采用符合右手定则的笛卡儿直角坐标系，指出图 1–3 所示三根手指对应轴的方向。

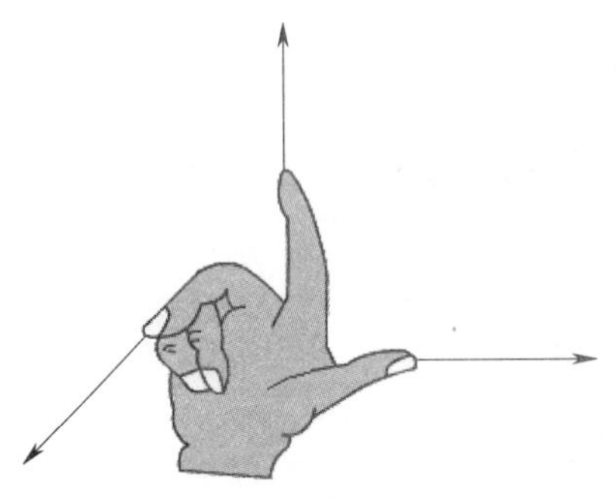

图 1–3　右手笛卡儿直角坐标系

（2）根据机床坐标系的确定方法，画出图 1–4 所示数控铣床的机床坐标系，并标注各坐标轴的方向。

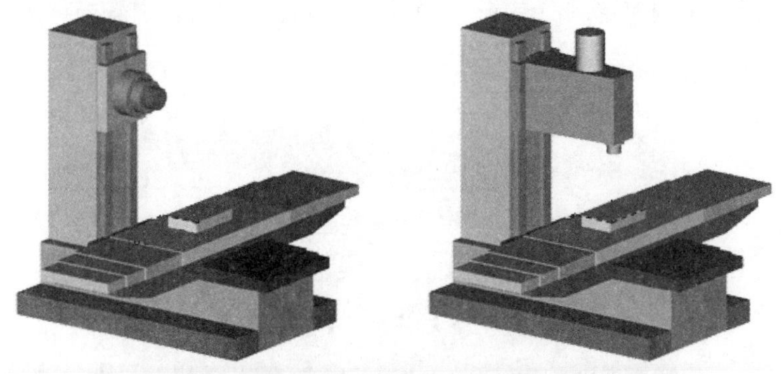

图 1–4　数控铣床机床坐标系

（3）机床坐标系与工件坐标系的定义分别是什么？有什么区别？

（4）建立工件坐标系的目的是什么？如何建立工件坐标系？

二、认识数控铣床操作面板

数控铣床操作面板是数控铣床（或加工中心）的人机交互操作界面，由数控铣床系统面板和控制面板两部分组成。图 1–5 所示为数控铣床操作面板。

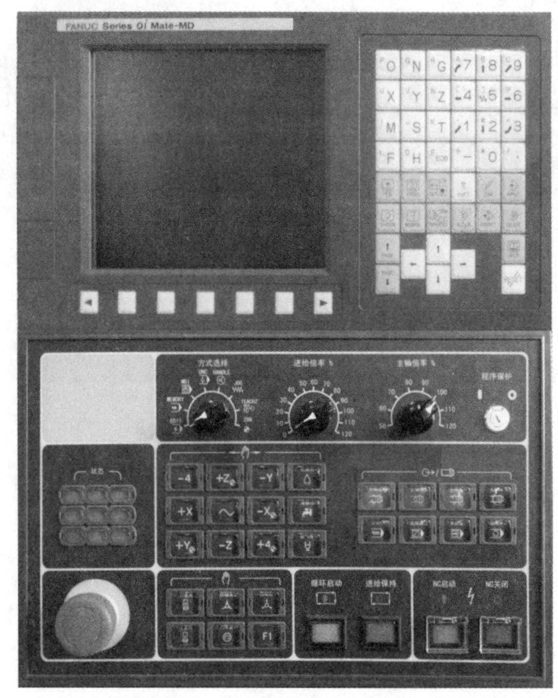

图 1–5　数控铣床操作面板

1．数控铣床系统面板

（1）将数控铣床系统面板的组成部分填在图 1–6 中。

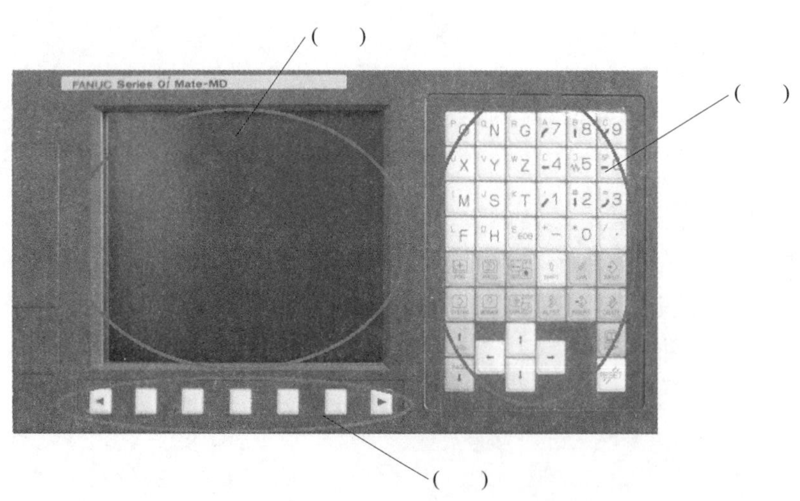

图 1–6　数控铣床系统面板

（2）查阅编程与操作说明书，认识图 1–6 所示数控铣床系统面板上各按键的名称及功能，并填入表 1–2 中。

表 1–2　　　　　　　　数控铣床系统面板上各按键的名称及功能

按键	名称	功能
O N G 7 8 9 / X Y Z 4 5 6 / M S T 1 2 3 / F H EOB − 0 .		
		EOB
POS PROG OFS/SET / SYSTEM MESSAGE CSTM/GRPH		POS
		PROG
		OFS/SET
		CSTM/GRPH
		MESSAGE
		CSTM/GRPH
ALTER / INSERT DELETE		ALTER
		INSERT
		DELETE
SHIFT		
CAN		
INPUT		

续表

按键	名称	功能
↑ ← ↓ →		→
		←
		↓
		↑
↑ PAGE PAGE ↓		PAGE ↓
		↑ PAGE
HELP		
RESET		

2．机床控制面板

查阅编程与操作说明书，认识图 1–7 所示数控铣床控制面板上各按键的名称及功能，并填入表 1–3 中。

图 1–7 数控铣床控制面板

表 1-3　　数控铣床控制面板上各按键的名称及功能

按键	名称	功能
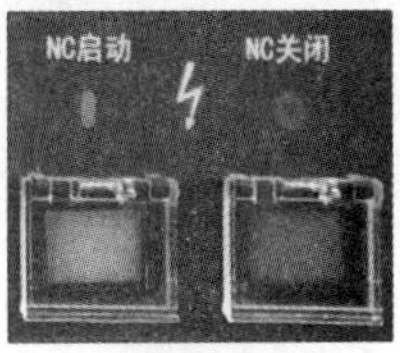		
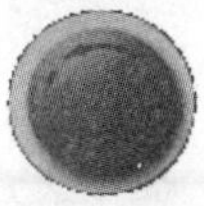		

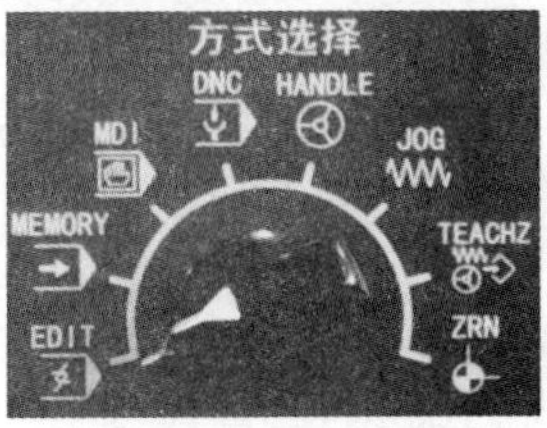		EDIT： MEMORY： MDI： DNC： HANDLE： JOG： TEACHZ： ZRN：

续表

按键	名称	功能
-4 +Z -Y +X ~ -X +Y -Z +4		
循环启动 进给保持		

三、数控铣床的基本操作

1．开机与关机操作

（1）开机前的准备工作有哪些?

（2）简述数控铣床开机操作步骤。

（3）简述数控铣床关机操作步骤。

2．回参考点操作

（1）回参考点的目的是什么？

（2）简述手动回参考点操作步骤。

3．手动操作

手动操作主要包括手轮进给操作、手动进给操作和 MDI 操作等。

（1）简述手轮进给操作步骤。

（2）简述手动进给操作步骤。

（3）MDI 操作适用于简单程序段的运行，如指定主轴的转速等，这些程序段在执行后不能被存储。简述 MDI 操作步骤。

4．程序的输入与编辑

（1）建立新程序

1）将模式选择旋钮旋至__________处。

2）按下__________键，显示屏进入编辑界面。

3）输入程序名__________（如 O0001，程序名不能与数控系统中已有的程序名重复）。

4）按下__________键，程序名被输入。

5）按下__________键，再按下__________键，结束符“；”被输入，即可进行新程序内容的输入。

（2）程序的调用

1）将模式选择旋钮旋至__________处。

2）按下__________键。

3）输入程序名“O××××”（如 O0001）。

4）按下__________键，即可完成程序 O0001 的调用。

（3）程序的删除

1）将模式选择旋钮旋至__________处。

2）按下__________键。

3）输入程序名“O××××”（如 O0001）。

4）按下__________键，即可完成程序 O0001 的删除。

（4）按照建立新程序的步骤，将表 1–4 中所列加工程序输入数控系统中并校验程序。

表 1–4　　建立新程序

程序	注释
O0001;	程序名
G90 G94 G40 G17 G21 G54;	初始化
M03 S600;	主轴正转，转速为 600 r/min
G90 G00 X–50.0 Y–50.0;	刀具快速定位
Z20.0;	

续表

程序	注释
G01 Z-3.0 F100；	刀具 *Z* 向下刀
G41 G01 X-30.0 D01；	建立刀具半径补偿指令
Y30.0；	采用刀具半径补偿指令加工轮廓
X30.0；	
Y-30.0；	
X-50.0；	
G40 G01 Y-50.0；	取消刀具半径补偿指令
G00 Z20.0；	抬刀
M30；	程序结束

四、数控铣床的日常保养

为了使数控铣床保持良好的状态，提高产品的加工质量，减少或防止事故的发生，必须坚持定期检查，经常维护与保养。

1．数控铣床日常维护与保养的内容有哪些？

2．数控铣床周维护与保养的内容有哪些？

3．数控铣床月维护与保养的内容有哪些？

4．数控铣床年维护与保养的内容有哪些？

学习活动 2　数控铣削指令

学习目标

1. 能正确叙述常用地址符的功能及含义。

2. 能正确叙述常用初始化 G 指令和 M 指令的名称及用途。

3. 能正确运用直线插补指令 G01 和快速定位指令 G00 编写程序。

建议学时：8 学时。

学习过程

一、编程方法及常用地址符功能

1．常用编程方法有哪些？分别适用于哪种场合？

2．查阅相关资料，写出表 1–5 中常用地址符的功能、含义及取值。

表 1–5　　常用地址符的功能、含义及取值

地址符	功能	含义及取值
O		
N		
G		
X、Y、Z A、B、C U、V、W		
R		
I、J、K		

续表

地址符	功能	含义及取值
F		
S		
T		
M		
H、D		
P、X		

二、基本指令

1. 初始化指令

（1）查阅相关资料，写出表 1–6 中常用初始化 G 指令的名称及用途。

表 1–6　常用初始化 G 指令的名称及用途

指令	名称	用途
G17、G18、G19		
G20、G21		
G54		
G90、G91		
G94、G95		
G40、G49		

（2）查阅相关资料，写出程序段“N100 G90 G01 X80.0 Y40.0 F100；”和程序段“N100 G91 G01 X80.0 Y40.0 F100；”的含义，并分别在图 1–8 中标出刀具的初始位置。

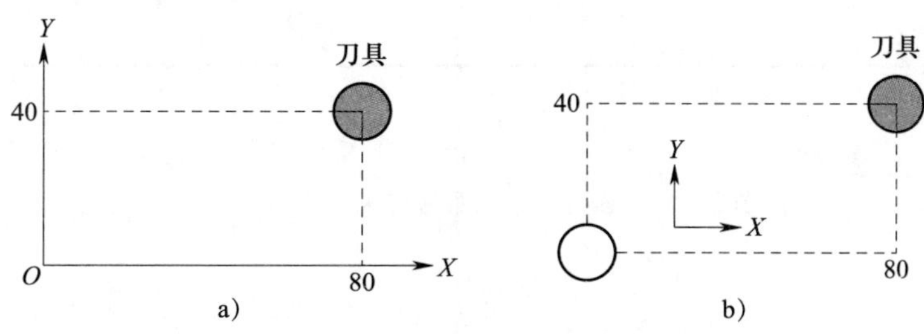

图 1–8　G90/G91 指令的应用

a）G90 指令的应用　b）G91 指令的应用

（3）查阅相关资料，写出程序段“G21 G94 G01 F100；”和程序段“G21 G95 G01 F0.05；”的含义。

2．辅助功能指令

查阅相关资料，写出表 1–7 中常用 M 指令的名称及用途。

表 1–7　　常用 M 指令的名称及用途

指令	名称	用途
M00		
M01		
M02		
M03		
M04		
M05		
M07		
M08		
M09		
M30		

3．直线插补指令

（1）写出直线插补指令 G01 的格式，并解释各参数的含义。

（2）分别用 G90 和 G91 指令编写图 1–9 中切削运动轨迹 *CD* 的程序段。

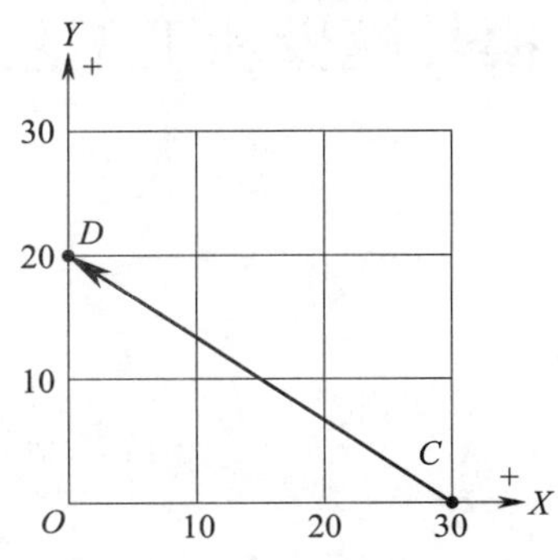

图 1–9　切削运动轨迹实例

4．快速定位指令

（1）写出快速定位指令 G00 的格式，并解释各参数的含义。

（2）查阅相关资料，写出 G00 和 G01 指令的区别。

学习活动 3　模具模板加工工艺分析与编程

学习目标

1. 能阅读生产任务单，明确工作任务，制订合理的工作计划。

2. 能正确识读模具模板零件图。

3. 能借助机械手册，查阅零件毛坯的材料牌号、几何公差和切削用量等知识，理解机械手册在生产中的重要性。

4. 能查阅数控加工工艺学，分析模具模板的数控加工工艺。

5. 能合理制定模具模板的数控加工工序，并填写数控加工工序卡。

6. 能完成模具模板数控加工程序的编制。

7. 能掌握面铣刀的结构、用途，正确选择加工用面铣刀。

8. 能根据数控加工工艺、零件材料等要求，查阅机械手册和刀具手册，合理选择刀具及切削用量，理解刀具的选择在产品加工中的重要性。

建议学时：8 学时。

学习过程

一、阅读生产任务单（表 1–8）

表 1–8　　生产任务单

需方单位名称				完成日期	年　月　日	
序号	产品名称	材料	数量	技术标准、质量要求		
1	模具模板	45 钢	30	按图样要求		
2						
3						
4						
生产批准时间		年　月　日	批准人			
通知任务时间		年　月　日	发单人			
接单时间		年　月　日	接单人		生产班组	数控加工组

1．通过查阅机械手册或咨询班组长等专业技术人员，明确本任务要加工零件的材料，写出这种材料常用牌号及其含义。此类材料的金属切削性能有什么特点？

2．本生产任务工期为 10 天，请根据任务要求，制订合理的工作计划，并根据小组成员的特点进行分工，填写在表 1–9 工作计划表中。

表 1–9　　工作计划表

序号	工作内容	时间	成员	负责人
1	工艺分析			
2	编制程序			
3	数控铣加工			
4	成品检验与质量分析			

二、零件图分析

图 1–1 所示为模具模板零件图，试按要求完成下列任务。

1．分析零件图，在表 1–10 中填写模具模板零件的主要加工尺寸、几何公差要求及表面质量要求，并进行相应的尺寸公差计算，为零件的编程做准备。

表 1–10　零件图分析

序号	项目	内容	偏差范围（数值）
1	主要加工尺寸		
2			
3			
4	几何公差要求		
5			
6			
7			
8			
9	表面质量要求		

2．模具模板零件的加工部位有哪些？分别采用什么加工方法？

3．查阅机械手册或咨询班组长等专业技术人员，说明表 1–11 中各标注符号的含义。

表 1–11　各标注符号的含义

标注符号	含义
// 0.02 *A*	
// 0.02 *B*	
⊥ 0.02 *A* *B*	
⊥ 0.02 *A*	

三、加工工艺设计

1．确定模具模板零件的加工顺序

根据模具模板零件的加工内容，在图 1–10 中标出模具模板零件的加工顺序（用 1、2、3、4、5、6 表示）。

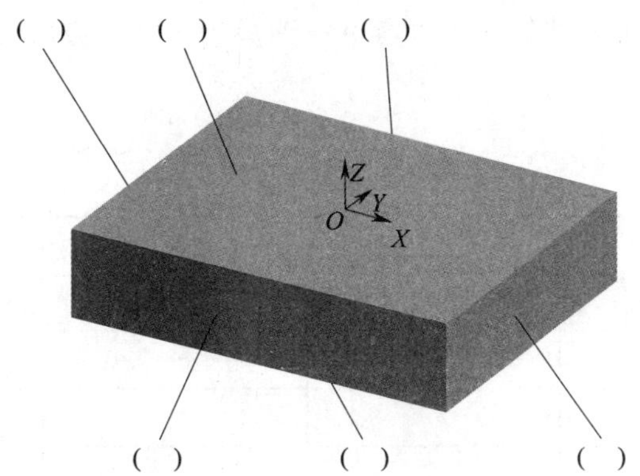

图 1–10　模具模板零件的加工顺序

2．选择夹具

（1）常用的夹具有哪些？模具模板零件的装夹方式是什么？

（2）粗加工上表面的定位基准是什么？

3．选择刀具

数控铣削所用刀具按其结构形式可分为整体式和镶齿式。整体式刀具的切削刃和刀体是一体的，刀具磨损后需要重新刃磨；而镶齿式刀具一般采用硬质合金刀片，通过一定的方式固定在刀体上，磨损后只需更换刀片即可。数控铣削所用刀具按工艺用途还可分为铣削类、镗削类、钻削类等，可以进行面、轮廓和孔的加工，如图 1–11 所示。铣平面时，可选用硬质合金可转位面铣刀，如图 1–12 所示。面铣刀的圆周表面和端面都有切削刃，端面的切削刃为副切削刃。面铣刀多为成套式镶齿结构，刀齿材料为高速钢或硬质合金。

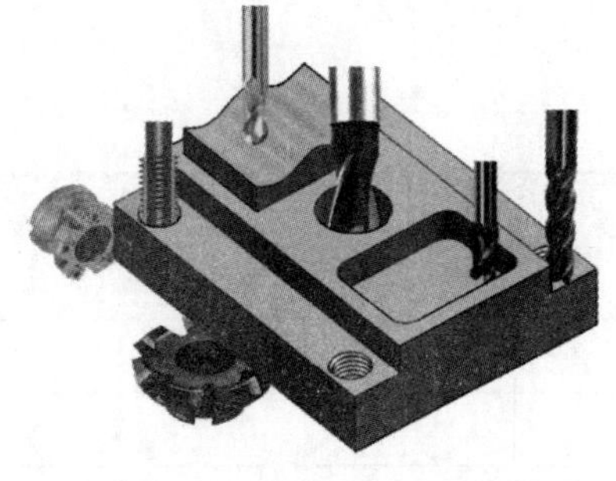

图 1–11　加工中心用部分刀具

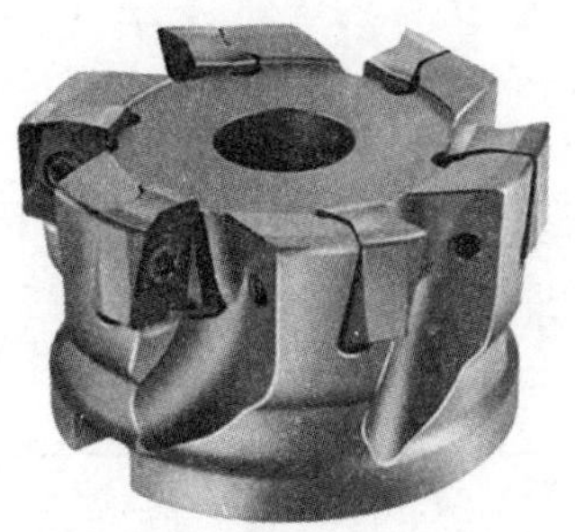

图 1–12　面铣刀

阅读以上材料，根据模具模板零件的加工内容进行刀具的选择，完成表 1–12 模具模板零件加工刀具卡的填写。

表 1–12　　模具模板零件加工刀具卡

产品名称或代号		零件名称		零件图号	
刀具号	刀具名称	数量	加工内容	刀具规格	

4．确定加工路线

（1）模具模板零件上、下表面的粗、精加工刀具运动路线如图 1–13 所示，计算各基点坐标值并填入表 1–13 中。

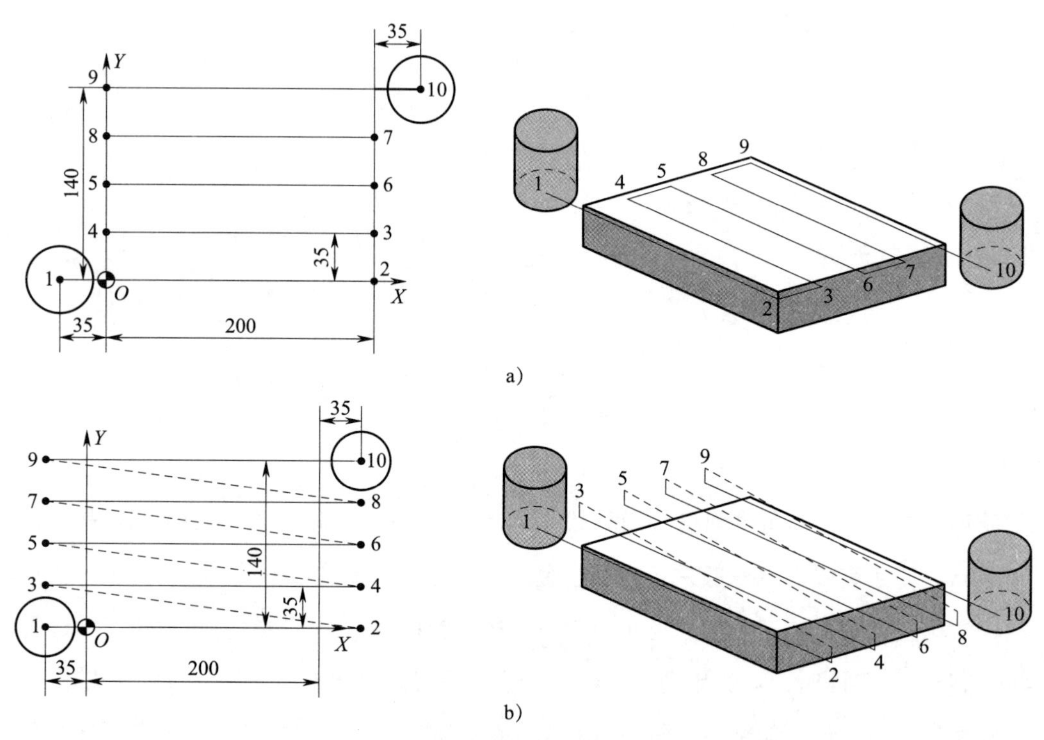

图 1–13　*刀具运动路线*

a）粗加工　b）精加工

表 1–13　　上、下表面各基点坐标值

基点	粗加工		精加工	
	X	*Y*	*X*	*Y*
1				
2				
3				

续表

基点	粗加工		精加工	
	X	Y	X	Y
4				
5				
6				
7				
8				
9				
10				

（2）绘制模具模板零件前、后表面加工路线图，确定编程坐标系原点，并计算各基点坐标值。

（3）绘制模具模板零件左、右表面加工路线图，确定编程坐标系原点，并计算各基点坐标值。

5．确定铣削用量

铣削用量包括铣削速度、进给量、背吃刀量及铣削宽度等。合理选择铣削用量，对提高生产效率、改善表面质量和加工精度都有着重要的影响，铣削用量如图 1–14 所示。

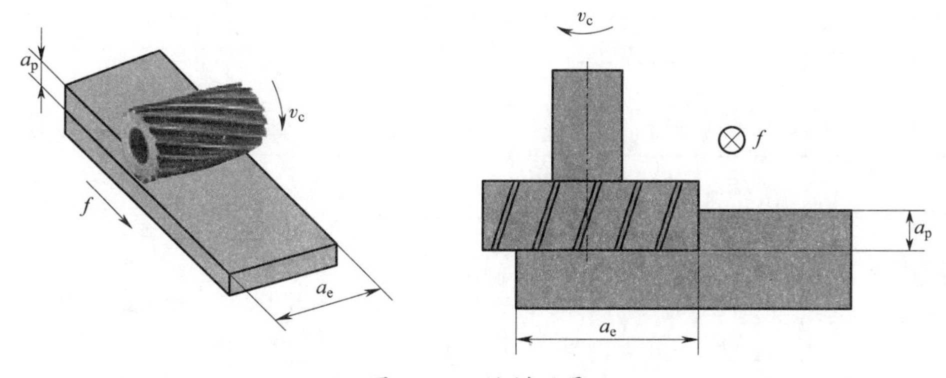

图 1–14　铣削用量

（1）背吃刀量（a_p）

根据零件图，模具模板零件的表面粗糙度 $Ra \leqslant 3.2\,\mu m$，为保证零件上表面的质量，分粗、精加工两种方式进行加工。

1）粗加工背吃刀量取 a_p = ________ mm。

2）精加工背吃刀量取 a_p = ________ mm。

（2）主轴转速（n）

主轴转速 n（r/min）可根据公式 $n=\dfrac{1\,000v_c}{\pi D}$ 计算，其中 D 为刀具直径。

1）若粗加工时切削速度 v_c 取 120 m/min，n=________________。

2）若精加工时切削速度 v_c 取 150 m/min，n=________________。

（3）进给速度（v_f）

进给速度 v_f（mm/min）可根据公式 $v_f=f_z zn$ 计算，其中 f_z 为每齿进给量，z 为铣刀齿数。

1）若粗加工时每齿进给量 f_z 取 0.05 mm/z，v_f=________________。

2）若精加工时每齿进给量 f_z 取 0.04 mm/z，v_f=________________。

6．填写加工工序卡

在教师的指导下完成模具模板零件数控加工工序卡（表 1–14）的填写。

表 1–14　模具模板零件数控加工工序卡

<table>
<tr><td colspan="3">单位名称</td><td colspan="3">产品名称或代号</td><td colspan="2">零件名称</td><td colspan="2">零件图号</td></tr>
<tr><td colspan="3"></td><td colspan="3"></td><td colspan="2"></td><td colspan="2"></td></tr>
<tr><td colspan="2">工序号</td><td>程序编号</td><td colspan="3">夹具名称</td><td colspan="2">使用设备</td><td colspan="2">车间</td></tr>
<tr><td colspan="2"></td><td></td><td colspan="3"></td><td colspan="2"></td><td colspan="2"></td></tr>
<tr><td>工步号</td><td colspan="2">工步内容</td><td colspan="2">刀具号</td><td>刀具规格 / mm</td><td>主轴转速 /（r/min）</td><td>进给速度 /（mm/min）</td><td colspan="2">背吃刀量 /mm</td></tr>
<tr><td></td><td colspan="2"></td><td colspan="2"></td><td></td><td></td><td></td><td colspan="2"></td></tr>
<tr><td></td><td colspan="2"></td><td colspan="2"></td><td></td><td></td><td></td><td colspan="2"></td></tr>
<tr><td></td><td colspan="2"></td><td colspan="2"></td><td></td><td></td><td></td><td colspan="2"></td></tr>
<tr><td></td><td colspan="2"></td><td colspan="2"></td><td></td><td></td><td></td><td colspan="2"></td></tr>
<tr><td></td><td colspan="2"></td><td colspan="2"></td><td></td><td></td><td></td><td colspan="2"></td></tr>
<tr><td></td><td colspan="2"></td><td colspan="2"></td><td></td><td></td><td></td><td colspan="2"></td></tr>
<tr><td>编制</td><td></td><td>审核</td><td></td><td>批准</td><td></td><td colspan="2">年　月　日</td><td>共　页</td><td>第　页</td></tr>
</table>

四、程序编制

1．查阅相关资料，写出数控加工程序的格式及组成。

2．编写模具模板零件加工程序。

（1）编写上、下表面加工程序，并填写在表 1–15 中。

表 1–15　上、下表面加工程序

程序	注释

（2）编写前、后表面加工程序，并填写在表 1–16 中。

表 1–16　前、后表面加工程序

程序	注释

续表

程序	注释

（3）编写左、右表面加工程序，并填写在表 1–17 中。

表 1–17　　左、右表面加工程序

程序	注释

续表

程序	注释

学习活动 4　模具模板的加工

学习目标

1. 能了解数控车间与工作区的范围和限制，理解企业对环境、安全、卫生和事故预防的标准。

2. 能检查工作区、设备、工具、材料的状况和功能。

3. 能根据现场条件，查阅相关资料，选用符合加工技术要求的工具、量具、刀具。

4. 能熟练装夹工件，并对其进行找正。

5. 能掌握切削液的种类和使用场合，正确选择本次学习活动中要用的切削液。

6. 能正确、规范地装夹刀具，并正确对刀。

7. 能正确输入零件的加工程序，应用数控铣床的模拟检验功能检查程序编写中的错误，并对程序进行优化。

8. 能严格根据车间管理规定，正确、规范地操作机床。

9. 能独立解决加工中出现的程序报警及机床简单故障问题。

10. 能按车间现场“6S”管理规定和产品工艺流程的要求，正确放置工具、产品，正确、规范地保养机床，进行产品交接并规范填写交接班记录表。

建议学时：18 学时。

学习过程

一、加工准备

1．熟悉工作环境

了解数控车间与工作区的范围和限制，理解企业对环境、安全、卫生和事故预防的标准。

2．领取工具、量具、刀具

领取工具、量具、刀具，并填写表 1–18。

表 1–18　　工具、量具、刀具清单

序号	名称	规格	数量	备注
1				
2				
3				
4				
5				
6				
7				
8				
9				
10				

3．领取毛坯

领取毛坯，测量并记录所领毛坯的实际外形尺寸，判断毛坯是否有足够的加工余量。

4．选择切削液

根据加工对象及所用刀具，选择本次学习活动所用的切削液。

二、加工过程

1．开机准备

（1）做好开机前的各项常规检查工作。

（2）规范启动机床。

（3）机床各坐标轴回参考点。

（4）输入数控加工程序并校验。

2．工件的装夹

（1）机床用平口虎钳的安装与校正

由教师完成机床用平口虎钳（以下简称机用虎钳）的安装与校正，学生观察教师的动作，并将机用虎钳的安装与校正步骤填入表 1–19 中。

表 1–19 机用虎钳的安装与校正步骤

操作项目	操作步骤
机用虎钳的安装	
机用虎钳的校正	

（2）毛坯的装夹

由教师完成毛坯的装夹，学生观察教师的动作，并将毛坯装夹步骤填入表 1–20 中。

表 1–20 毛坯装夹步骤

操作项目	操作步骤
毛坯装夹	

3．刀具的安装

数控铣刀的安装包括刀具在刀柄上的安装和刀柄在主轴上的安装两个阶段。

（1）刀具在刀柄上的安装

由教师完成刀具在刀柄上的安装，学生观察教师的动作，并将安装步骤填入表 1–21 中。

表 1–21　　刀具在刀柄上的安装步骤

操作项目	操作步骤
刀具安装于刀柄上	选择如图 1–15 所示的________刀柄和________夹头，将弹簧夹头刀柄的________、________和________擦拭干净，将弹簧夹头装入________中 将刀柄装入如图 1–16 所示的锁刀器中，同时将装有________的锁紧螺母旋入刀柄；将________装入弹簧夹头中，伸出长度________，用手旋紧锁紧螺母 用月牙扳手将________锁紧，完成刀具在刀柄中的安装

图 1–15　弹簧夹头刀柄和 ER 型弹簧夹头

图 1–16　锁刀器

（2）刀柄在主轴上的安装

由教师完成刀柄在主轴上的安装，学生观察教师的动作，并将安装步骤填入表 1–22 中。

表 1–22　　刀柄在主轴上的安装步骤

操作项目	操作步骤
刀柄安装于主轴上	打开________，将模式选择旋钮旋至________处 手握刀柄底部，将刀柄伸入________中，刀柄卡槽对准主轴底部________部分；按下主轴上如图 1–17 所示的________按钮，同时向上推刀柄 松开气动按钮，然后用力________刀柄，检查刀柄是否夹紧

图 1–17　气动按钮

4．对刀

数控铣床的对刀操作分为 X 轴对刀、Y 轴对刀和 Z 轴对刀。对刀的准确程度将直接影响零件加工精度，所以对刀方法要与零件的精度要求相适应，常见的对刀方法见表 1–23。

表 1–23　对刀方法

对刀方法		说明
X 轴、Y 轴对刀	试切对刀法	直接采用加工刀具进行对刀，操作简单、方便，但会在零件表面留下切削刀痕，影响零件表面质量且对刀精度较低
	刚性靠棒对刀法	利用刚性靠棒配合量块或塞尺进行对刀，与试切对刀法相似，不会在零件表面上留下痕迹，但对刀精度不高且较费时
	寻边器对刀法	利用机械寻边器或光电寻边器（图 1–18）进行对刀，对定位基准面有要求，以确保高精度对刀。前者无须维护，成本适中；后者需维护，成本较高
	百分表对刀法	利用磁力表座和百分表进行对刀，如图 1–19 所示，一般用于带圆周面的零件
	对刀仪对刀法	又称机外对刀法。首先获得一把标准刀具参数，然后利用专业对刀设备获取其他刀具与标准刀具参数的差值（直径和长度），最后将每把刀具的参数输入系统中。用于在加工中心上加工零件
Z 轴对刀	试切对刀法	类似于 X 轴、Y 轴对刀中的试切对刀法
	对刀仪对刀法	利用光电式或指针式 Z 轴设定器（图 1–20）进行对刀，通过光电指示或指针判断刀具与对刀器是否接触

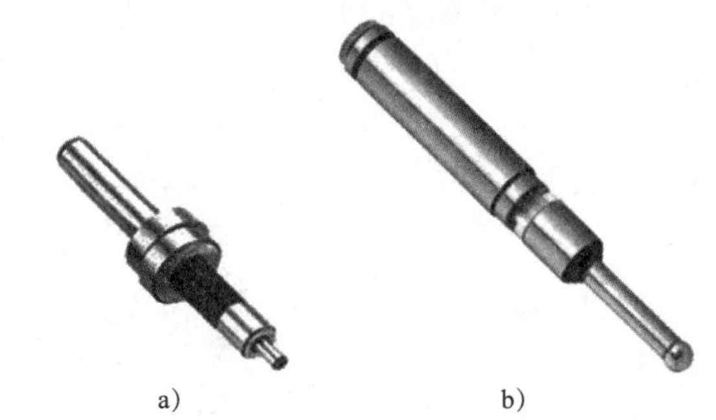

a)　　b)

图 1–18　寻边器

a）机械寻边器　b）光电寻边器

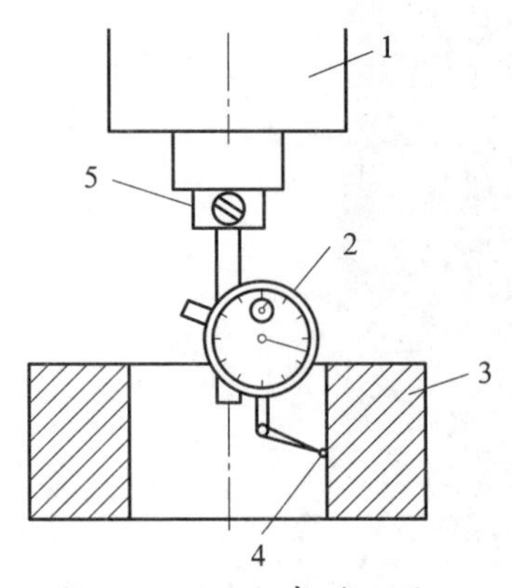

图 1–19　百分表对刀法

1—主轴　2—百分表　3—工件　4—测头　5—磁力表座

图 1–20　指针式 Z 轴设定器

（1）阅读以上材料，根据图 1–21 所示的对刀操作示意图，简述 X 轴、Y 轴对刀过程。

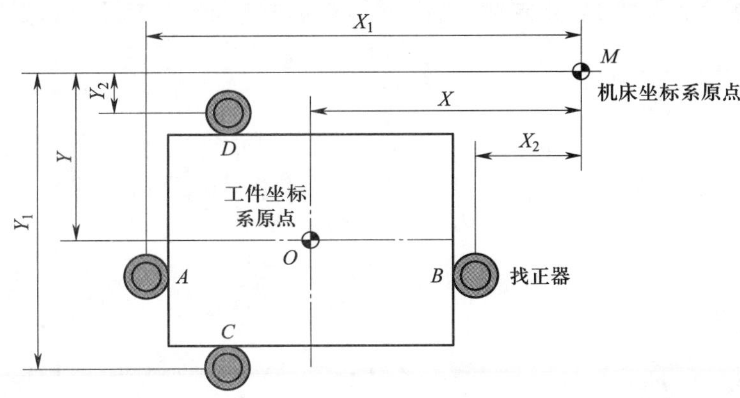

图 1–21　对刀操作示意图

（2）简述 Z 轴对刀过程。

（3）通过试切法进行对刀操作，并记录 G54 数值。

G54	X
	Y
	Z

5．输入对刀数值

将 G54 数值输入机床中。

6．自动加工

粗加工完毕，精确测量加工尺寸，根据测量结果修改参数后再进行精加工。若粗加工尺寸误差较大，试分析产生误差的原因。

三、机床保养，场地清理

加工完毕，按照车间规定整理现场，清扫切屑，保养机床，并正确处置废油液等废弃物；按车间规定填写交接班记录（附表 1）和设备日常保养记录卡（附表 2）。

学习活动 5　模具模板的检验与质量分析

学习目标

1. 能正确选择合理的检验工具和量具。

2. 能根据测量结果，分析误差产生的原因，优化加工策略。

3. 能正确对量具进行合理保养和维护。

4. 能按检验室管理要求，正确放置检验用工具、量具。

建议学时：4 学时。

学习过程

一、领取检测用量具

1．模具模板零件需要测量哪些要素？

2．根据测量要素，列出零件在检测过程中要用到的量具，并填入表 1–24 中。

表 1–24　　检测量具

序号	量具名称	量具规格（精度）	检测内容

二、检测零件，填写质量检验单

根据图样要求，自检零件，并将检测结果填入表 1–25 中。

表 1–25　　模具模板检测记录表

序号	名称	配分	项目与技术要求	评分标准	检测记录	得分
1	主要尺寸（44 分）	8	（200 ± 0.1）mm	超差不得分		
2		8	（150 ± 0.1）mm	超差不得分		
3		8	$20^{+0.1}_{0}$ mm	超差不得分		
4		4 × 2	平行度公差 0.02 mm（2 处）	超差不得分		
5		4 × 3	垂直度公差 0.02 mm（3 处）	超差不得分		
6	程序与工艺（10 分）	10	程序正确	不正确每处扣 1 ～ 3 分		
7			程序合理	不合理每处扣 1 ～ 3 分		
8			程序中工艺参数正确	不正确每处扣 1 ～ 3 分		
9			加工工艺正确	不正确每处扣 1 ～ 3 分		
10	机床操作（25 分）	5	机床面板操作正确	不正确、不合理无分		
11		5	进给倍率与主轴转速的设定	不正确、不合理无分		
12		5	装夹、换刀操作熟练	不正确、不合理无分		
13		5	机床返回参考点	不正确、不合理无分		
14		5	对刀的方法	不正确、不合理无分		
15	表面粗糙度（6 分）	6	$Ra \leqslant 3.2$ μm	超差不得分		
16	主观评分（10 分）	3	已加工零件去毛刺是否符合图样要求			
17		4	已加工零件是否有划伤、碰伤和夹伤			
18		3	已加工零件与图样要求的一致性以及其余表面粗糙度			
19	更换毛坯（5 分）	5	是否更换毛坯	是 / 否		
20	职业素养	扣分	能正确穿戴工作服、工作鞋、安全帽等劳动防护用品。每违反一项，扣 2 分			
21			能按机床使用规范正确进行开关机、对刀等基本操作。每误操作一次，扣 2 分			
22			能规范使用及保养工具、量具和辅具。每违反操作一次，扣 2 分			
23			能做好设备清洁、保养工作。不清洁，不保养，扣 3 分；保养不彻底，扣 2 分			
总配分		100	总得分			

三、分析不合格产品原因

分析不合格产品原因，提出修改方案，并填入表 1–26 中。

表 1–26　　不合格项目产生原因及改进方法

不合格项目	产生原因	改进方法
尺寸不正确		
平行度误差超差		
垂直度误差超差		
表面粗糙度降级		

学习活动 6　工作总结与评价

学习目标

1. 能按照学生自我评价表完成自评。

2. 能结合自身任务完成情况，正确、规范地撰写工作总结（心得体会）。

3. 能对学习与工作进行反思总结，并能与他人开展良好合作，进行有效的沟通。

4. 能在作业过程中严格执行企业操作规范、安全生产制度、环保管理制度以及“6S”管理规定，严格遵守从业人员的职业道德，树立吃苦耐劳、爱岗敬业的工作态度和职业责任感。

5. 能与班组长、工具管理员等相关人员进行有效的沟通与合作，理解有效沟通和团队合作的重要性。

建议学时：4 学时。

学习过程

学习评价以学习目标为导向，围绕学习过程设计评价要点，依据多元评价理论，从不同角度关注学生综合职业能力和职业素质的养成。在教学过程中，学习评价由自我评价、小组评价和教师评价三部分组成，检验并提升学生的综合职业能力。学生最终成绩按下式进行计算：总评成绩 = 自我评价（40%）+ 小组评价（10%）+ 教师评价（50%）。

一、自我评价

学生通过自我评价发现自己存在的问题和不足，自我评价总分占学习评价的 40%（其中产品评价占 20%，自我评价占 20%）。

学生自我评价表见附表 3。

二、小组评价

小组评价由“组内工作过程考核互评”和“组间展示互评”两部分组成。“组内工作过程考核互评”让学生在评价别人和接受别人评价中发现问题、解决问题。“组间展示互评”把个人制作好的零件先进行分组展示，再由小组推荐代表做工作过程的介绍。在展示的过程中，以组为单位进行评价；评价完成后，根据其他组成员对本组展示的成果评价意见进行归纳总结。通过组内和组间互相考核，促使学生按规范认真完成工作任务，也使评价者在互评中完成知识学习和素质养成，小组评价总分占学习评价的10%。

组内工作过程考核互评表见附表4。

组间展示互评表见附表5。

三、教师评价

教师评价的目的是提供有效的诊断和反馈，强化和改进教学的实施，对学生的学习过程进行评价。首先，教师对展示的作品分别做评价：一是找出各组的优点进行点评。二是对展示过程中各组的缺点进行点评，提出改进方法。三是对整个任务完成中出现的亮点和不足进行点评。然后，教师在教学过程中，根据学生的具体行为表现，按教师评价指标进行评价，教师评价总分占学习评价的50%。

教师评价表见附表6。

四、总结提升

试结合自身任务完成情况，撰写本次任务的工作总结（包含影响产品质量的因素、工艺顺序安排的依据和重要性、企业制订工作生产计划的理由等）。

工作总结（心得体会）

____

任务拓展

模具模板加工任务拓展

一、工作情境描述

某企业接到一批模具模板零件（图 1–22）加工订单，材料为 45 钢，毛坯尺寸为 202 mm×152 mm×22 mm，生产主管计划用数控铣床进行加工。要求设计对刀点及对刀方法，并完成零件加工。

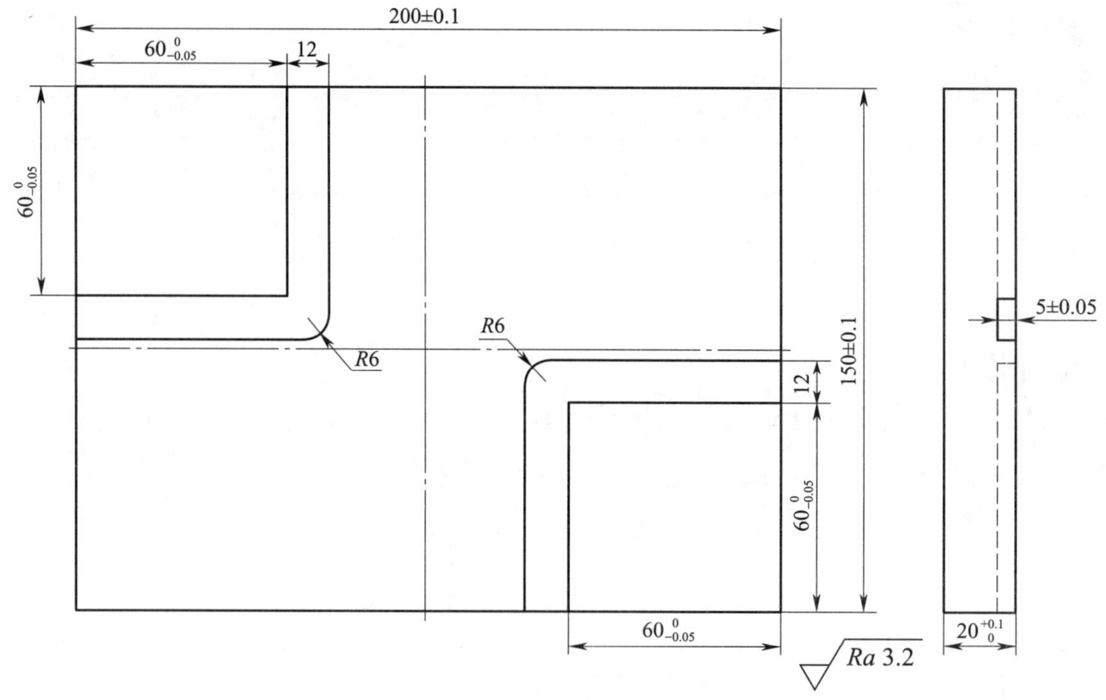

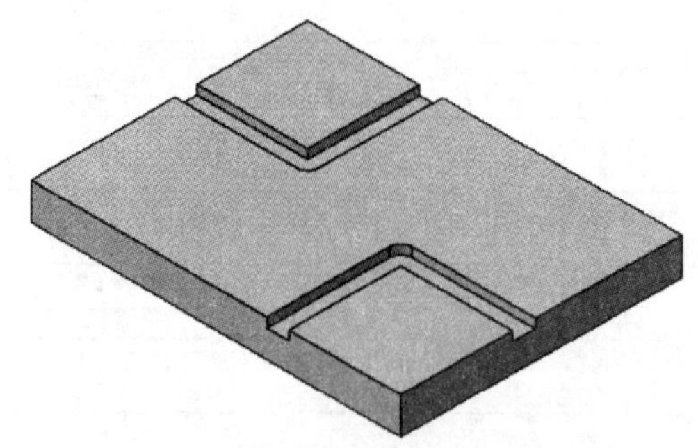

图 1–22 模具模板加工任务拓展

二、检测零件，填写质量检验单

根据图样要求，自检零件，并将检测结果填入表 1–27 中。

表 1–27 模具模板加工任务拓展检测记录表

序号	名称	配分	项目与技术要求	评分标准	检测记录	得分
1	主要尺寸（44 分）	5	（200 ± 0.1）mm	超差不得分		
2		5	（150 ± 0.1）mm	超差不得分		
3		5 × 4	$60_{-0.05}^{0}$ mm（4 处）	超差不得分		
4		5	$20_{0}^{+0.1}$ mm	超差不得分		
5		5	（5 ± 0.05）mm	超差不得分		
6		2 × 2	12 mm、*R*6 mm	超差不得分		
7	程序与工艺（10 分）	10	程序正确	不正确每处扣 1 ~ 3 分		
8			程序合理	不合理每处扣 1 ~ 3 分		
9			程序中工艺参数正确	不正确每处扣 1 ~ 3 分		
10			加工工艺正确	不正确每处扣 1 ~ 3 分		
11	机床操作（25 分）	5	机床面板操作正确	不正确、不合理无分		
12		5	进给倍率与主轴转速的设定	不正确、不合理无分		
13		5	装夹、换刀操作熟练	不正确、不合理无分		
14		5	机床返回参考点	不正确、不合理无分		
15		5	对刀的方法	不正确、不合理无分		
16	表面粗糙度（6 分）	6	$Ra \leqslant 3.2\ \mu m$	超差不得分		
17	主观评分（10 分）	3	已加工零件去毛刺是否符合图样要求			
18		4	已加工零件是否有划伤、碰伤和夹伤			
19		3	已加工零件与图样要求的一致性以及其余表面粗糙度			
20	更换毛坯（5 分）	5	是否更换毛坯	是 / 否		
21	职业素养	扣分	能正确穿戴工作服、工作鞋、安全帽等劳动防护用品。每违反一项，扣 2 分			
22			能按机床使用规范正确进行开关机、对刀等基本操作。每误操作一次，扣 2 分			
23			能规范使用及保养工具、量具和辅具。每违反操作一次，扣 2 分			
24			能做好设备清洁、保养工作。不清洁，不保养，扣 3 分；保养不彻底，扣 2 分			
总配分			100	总得分		

世赛知识

世界技能大赛数控铣项目竞赛简介

数控铣项目是指利用数控铣床（加工中心）对工件进行金属切削加工的项目，即由参与者通过编制程序指令来驱动数控铣床，以切削刀具去除材料的方式完成工件制作的过程。

一、数控铣项目选手应具备的技能

1. 识图技能：能对图形、标准、表格和其他技术要求进行解释。

2. 检测技能：能选择和使用测量仪器和检测设备。

3. 工件装夹：能根据操作需要为待加工件选择装夹方法和装夹系统。

4. 刀具知识：能针对工件材料和所需的加工水平选择切削刀具。

5. 操作技能：能完成在数控铣床上安装刀具和附件的整个过程，能识别和确定数控铣床上各种不同的加工操作，能识别和确定在数控铣床上加工操作所需的各种功能参数。

6. 金属切削：能依据加工顺序、加工类型、加工材料和数控铣床类型等设置切削参数。

7. 编程技能：能使用不同的编程技术（包括计算机辅助制造系统）。

二、数控铣项目竞赛时间

世界技能大赛数控铣项目比赛共设置 3 个模块，赛程为 4 天，累计比赛时间为 17.5 h，见表 1–28。

表 1–28　　数控铣项目竞赛时间

时间 模块	编程时间段 /h	刀具准备时间段 /h	加工时间段 /h	竞赛时间合计 /h
模块 1	不分时间段，选手可自由支配			4.25
模块 2	2.5	0.25	3.5	6.25
模块 3	2.75	0.25	4	7

学习任务二　定位板的数控铣加工

学习目标

1. 了解数控车间与工作区的范围和限制，理解企业对环境、安全、卫生和事故预防的标准。

2. 能检查工作区、设备、工具、材料的状况和功能。

3. 能阅读生产任务单，明确工作任务，制订合理的工作计划。

4. 能正确识读定位板零件图。

5. 能借助机械手册，查阅零件的几何公差和切削用量等知识，理解机械手册在生产中的重要性。

6. 能正确分析数控加工工艺，选择合理的切削用量、刀具及装夹方式。

7. 能根据任务书、零件图加工要求，通过查阅数控加工工艺学，分析并制定定位板的数控加工工艺，正确、规范地填写定位板加工工艺卡。

8. 能了解加工材料的金属切削性能。

9. 能完成定位板数控加工程序的编制。

10. 能正确、规范地对定位板进行数控铣加工。

11. 能按车间现场“6S”管理规定和产品工艺流程的要求，正确放置工具、产品，正确、规范地保养机床，进行产品交接并规范填写交接班记录表。

12. 能根据零件图，合理选择工具、量具，确定检测方法，记录几何误差值。

13. 能对定位板进行正确测量，评估与判断零件质量是否合格，并提出改进措施。

14. 能主动获取有效信息，展示工作成果，对学习与工作进行反思总结，优化方案和策略，具备知识迁移能力。

15. 能与班组长、工具管理员等相关人员进行有效的沟通与合作，理解有效沟通和团队合作的重要性。

16. 能在作业过程中严格执行企业操作规范、安全生产制度、环保管理制度以及“6S”管理规定，严格遵守从业人员的职业道德，树立吃苦耐劳、爱岗敬业的工作态度和职业责任感。

建议学时

30 学时。

工作情境描述

某企业接到一批定位板零件（图 2-1）加工订单，材料为 45 钢，生产主管计划用数控铣床进行加工。该零件为板状，板上表面有两条矩形导轨，导轨尺寸精度为 IT8 级，定位板的平行度公差为 0.02 mm，导轨侧面与底板的垂直度公差为 0.02 mm，表面粗糙度 *Ra* 值为 3.2 ~ 1.6 μm，其余尺寸精度为 IT11 级。

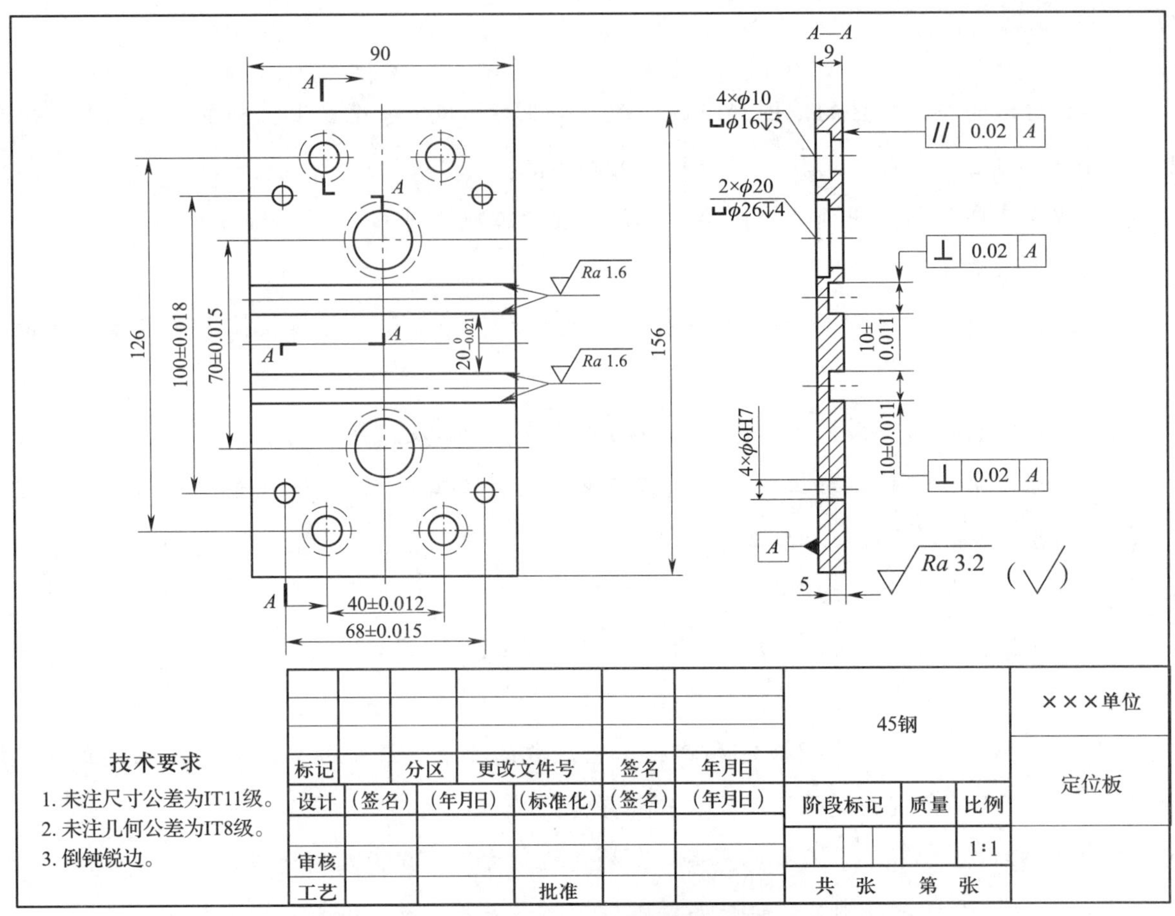

图 2-1　定位板零件图

工作流程与活动

1．定位板加工工艺分析与编程（8 学时）

2．定位板的加工（14 学时）

3．定位板的检验与质量分析（4 学时）

4．工作总结与评价（4 学时）

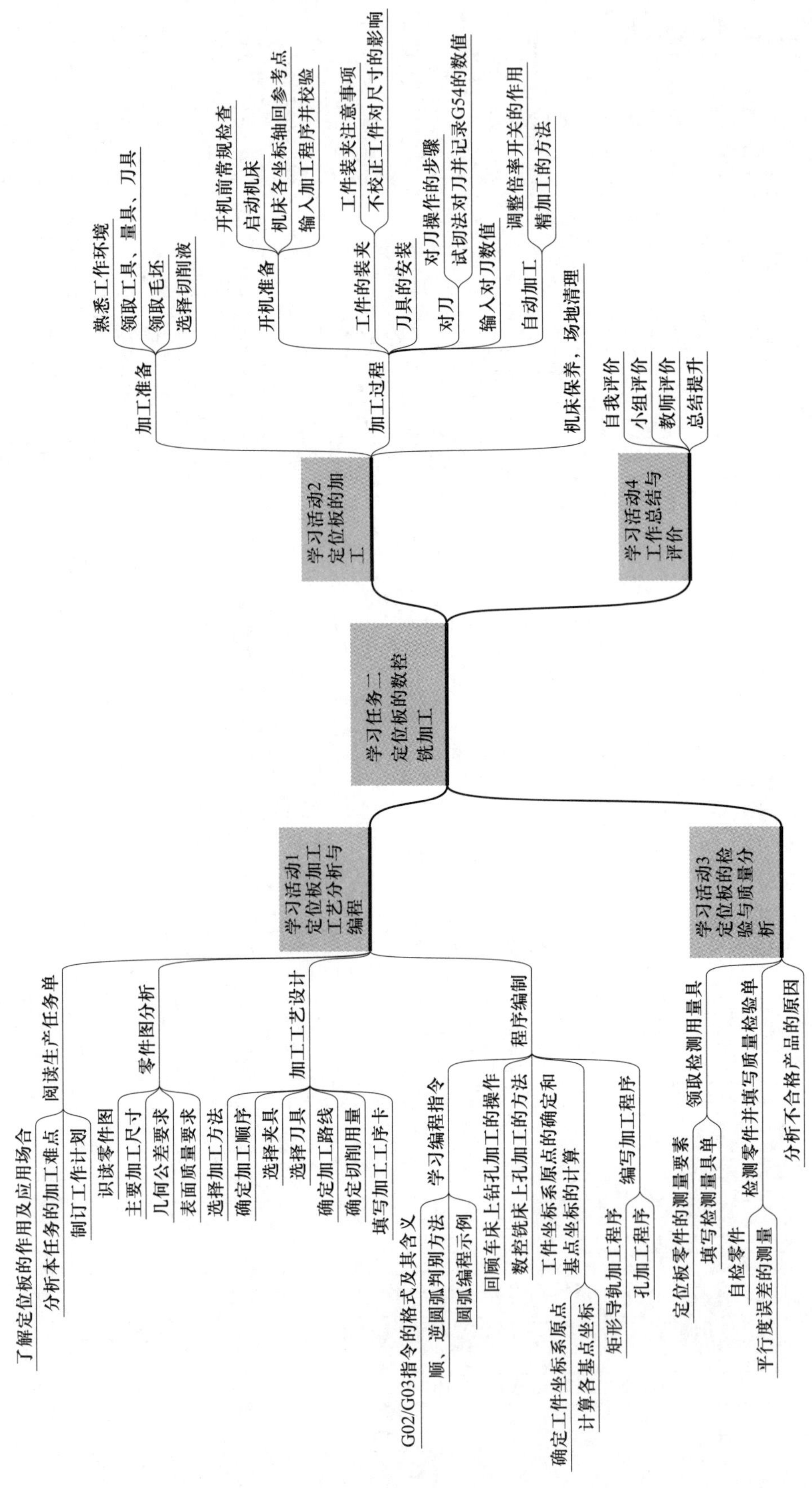
学习任务二 定位板的数控铣加工
学习活动1 定位板加工工艺分析与编程
阅读生产任务单
了解定位板的作用及应用场合
分析本任务的加工难点
制订工作计划
零件图分析
识读零件图
主要加工尺寸
几何公差要求
表面质量要求
加工工艺设计
选择加工方法
确定加工顺序
选择夹具
选择刀具
确定加工路线
确定切削用量
填写加工工序卡
程序编制
学习编程指令
G02/G03指令的格式及其含义
顺、逆圆弧判别方法
圆弧编程示例
回顾车床上钻孔加工的操作
数控铣床上孔加工的方法
工件坐标系原点的确定和基点坐标的计算
确定工件坐标系原点
计算各基点坐标
编写加工程序
矩形导轨加工程序
孔加工程序
学习活动2 定位板的加工
加工准备
熟悉工作环境
领取工具、量具、刀具
领取毛坯
选择切削液
加工过程
开机准备
开机前常规检查
启动机床
机床各坐标轴回参考点
输入加工程序并校验
工件的装夹
工件装夹注意事项
不校正工件对尺寸的影响
刀具的安装
对刀
对刀操作的步骤
试切法对刀并记录G54的数值
输入对刀数值
自动加工
调整倍率开关的作用
精加工的方法
机床保养，场地清理
学习活动3 定位板的检验与质量分析
领取检测用量具
定位板零件的测量要素
填写检测量具单
检测零件并填写质量检验单
自检零件
平行度误差的测量
分析不合格产品的原因
学习活动4 工作总结与评价
自我评价
小组评价
教师评价
总结提升

学习活动1　定位板加工工艺分析与编程

学习目标

1. 能阅读生产任务单，明确工作任务，制订合理的工作计划。

2. 能正确识读定位板零件图。

3. 能借助机械手册，查阅零件的几何公差和切削用量等知识，理解机械手册在生产中的重要性。

4. 能查阅数控加工工艺学，分析定位板的数控加工工艺。

5. 能合理制定定位板的数控加工工序，并填写数控加工工序卡。

6. 能完成定位板数控加工程序的编制。

7. 能掌握铣刀的结构、用途，正确选择加工用铣刀。

8. 能根据数控加工工艺、零件材料等要求，查阅机械手册和刀具手册，合理选择刀具、刀具几何参数和切削用量，理解刀具的选择在产品加工中的重要性。

建议学时：8学时。

学习过程

一、阅读生产任务单（表 2–1）

表 2–1　　　　生产任务单

<table>
<tr><td colspan="2">需方单位名称</td><td colspan="2"></td><td>完成日期</td><td colspan="2">年　月　日</td></tr>
<tr><th>序号</th><th>产品名称</th><th>材料</th><th>数量</th><th colspan="3">技术标准、质量要求</th></tr>
<tr><td>1</td><td>定位板</td><td>45 钢</td><td></td><td colspan="3">按图样要求</td></tr>
<tr><td>2</td><td></td><td></td><td></td><td colspan="3"></td></tr>
<tr><td>3</td><td></td><td></td><td></td><td colspan="3"></td></tr>
<tr><td>4</td><td></td><td></td><td></td><td colspan="3"></td></tr>
<tr><td colspan="2">生产批准时间</td><td>年　月　日</td><td>批准人</td><td></td><td></td><td></td></tr>
<tr><td colspan="2">通知任务时间</td><td>年　月　日</td><td>发单人</td><td></td><td></td><td></td></tr>
<tr><td colspan="2">接单时间</td><td>年　月　日</td><td>接单人</td><td></td><td>生产班组</td><td>数控加工组</td></tr>
</table>

1．查阅相关资料，了解定位板的作用及应用场合，分析本任务的加工难点有哪些。

2．本生产任务工期为 5 天，请根据任务要求，制订合理的工作计划，并根据小组成员的特点进行分工，填写在表 2–2 工作计划表中。

表 2–2　　　　工作计划表

序号	工作内容	时间	成员	负责人
1	工艺分析			
2	编制程序			
3	数控铣加工			
4	成品检验与质量分析			

二、零件图分析

图 2–1 所示为定位板零件图，试按要求完成下列任务。

1．分析零件图，在表 2–3 中填写定位板的主要加工尺寸、几何公差要求及表面质量要求，并进行相应的尺寸公差计算，为数控加工工艺的制定做准备。

表 2–3　　零件图分析

序号	项目	内容	偏差范围（数值）
1	主要加工尺寸		
2			
3			
4			
5			
6			
7			
8	几何公差要求		
9			
10	表面质量要求		
11			

2．查阅机械手册或咨询班组长等专业技术人员，写出图 2–1 中所有未注公差尺寸的公差值。

3．查阅机械手册或咨询班组长等专业技术人员，解释定位板零件图中所有位置公差的含义。

三、加工工艺设计

在完成零件图分析的基础上，即可制定零件的加工工艺，零件的加工工艺主要包括：选择加工方法，确定加工顺序，选择夹紧方案和夹具，选择刀具，确定加工路线和切削用量，并填写定位板零件数控加工工序卡。

1．选择加工方法

（1）在数控铣床上加工平面主要采用面铣刀和立铣刀，粗铣的尺寸精度为 IT13 ~ IT11 级，表面粗糙度 Ra 值为 25 ~ 6.3 μm。

（2）平面轮廓类零件的表面多由直线和圆弧或者各种曲线构成，可在铣床上用两轴半坐标加工。

在选择零件表面的加工方法时，除了考虑加工质量，零件的结构、形状和尺寸，零件的材料、硬度和生产类型外，还要考虑加工的经济性。各种表面加工方法所能达到的精度和表面粗糙度都有一个相当的范围。

当精度达到一定程度后，要继续提高精度，成本会急剧上升。加工同一表面，采用的加工方法不同，加工成本也不一样。任何一种加工方法获得的精度只在一定范围内才是经济的，这种一定范围内的加工精度即为该加工方法的经济精度。经济精度是指在正常加工条件下（采用符合质量标准的设备、工艺装备和标准等级的工人，不延长加工时间）所能达到的加工精度，相应的表面粗糙度称为经济粗糙度。在选择加工方法时，应根据工件的精度要求选择与经济精度相适应的加工方法。常用加工方法的经济精度及表面粗糙度可查阅有关工艺手册。

通过阅读以上材料或查阅相关资料，结合定位板零件的表面特征，选择定位板零件的加工方法。

2．确定加工顺序

结合图 2–1 所示定位板零件的加工要求和结构特点，制定本任务的加工顺序。

3．选择夹具

工件在加工中心上装夹时，应根据工件批量的大小选择不同的装夹方式。单件、小批量工件通常采用通用夹具进行装夹；中、小批量工件通常采用组合夹具进行装夹；大批量工件最好选择专用夹具进行装夹。

机用虎钳具有较大的通用性和经济性，适用于尺寸较小的方形工件的装夹。常用精密机用虎钳如图 2–2 所示，一般采用机械螺旋式、气动式或液压式夹紧方式。

图 2–2　机用虎钳

对于大型工件，无法采用机用虎钳或其他夹具装夹时，可直接采用压板（图 2–3）进行装夹。加工中心压板通常采用垫铁与 T 形螺母的夹紧方式。

对于除底面以外其余五面要全部加工的零件，无法采用机用虎钳或压板装夹时，可采用精密治具板进行装夹。装夹前在工件底面加工出工艺螺钉孔，再用内六角螺钉锁紧在精密治具板上，最后将精密治具板安装在工作台面上。精密治具板有 HT、HL、HC、HH 等多种系列，图 2–4 所示为 HH 系列的精密治具板。

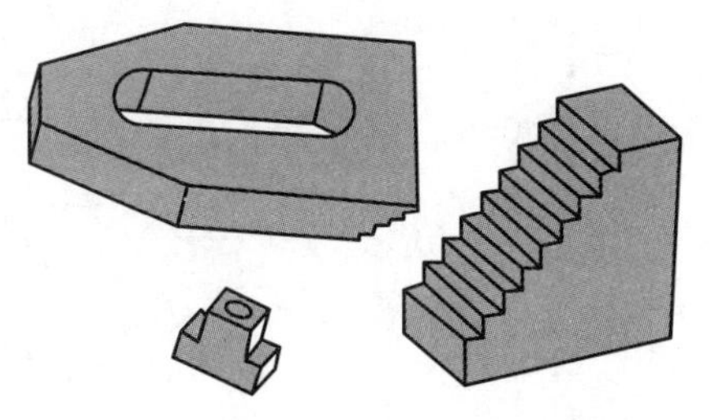

图 2-3　压板、垫铁与 T 形螺母

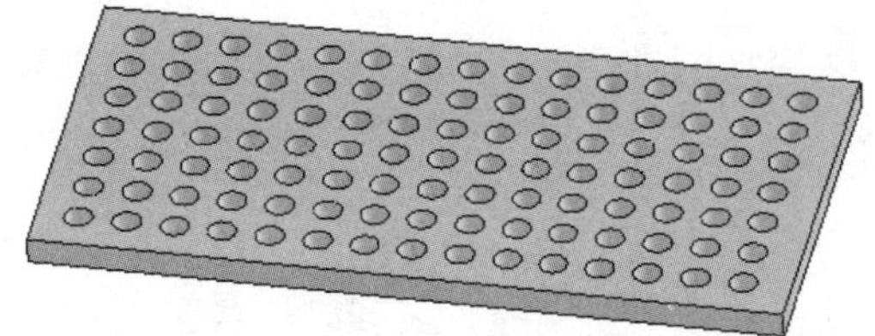

图 2-4　HH 系列的精密治具板

通过阅读以上材料或查阅相关资料，结合本任务零件的结构特点选择夹紧方案及夹具。

4．选择刀具

刀具的选择是数控加工工艺中的重要内容之一，它不仅影响机床的加工效率，而且直接影响工件的加工质量。选取刀具时，要使刀具的尺寸与被加工工件的表面尺寸和形状相适应。加工平面零件周边轮廓时常采用直柄立铣刀，如图 2-5 所示；铣平面时，常采用硬质合金可转位式面铣刀，如图 2-6 所示；加工凸台、凹槽时，常采用高速钢立铣刀；粗加工孔时，常采用标准麻花钻，如图 2-7 所示。

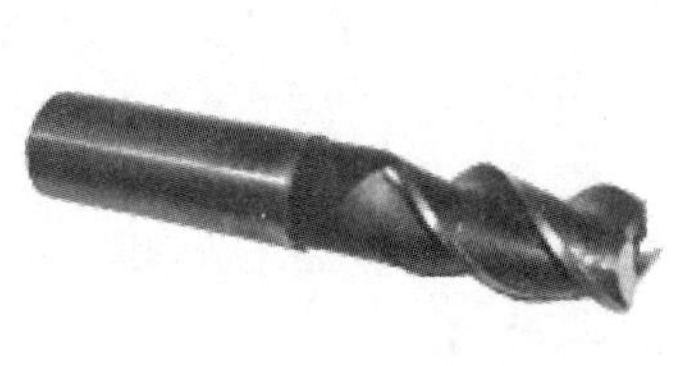

图 2-5　直柄立铣刀

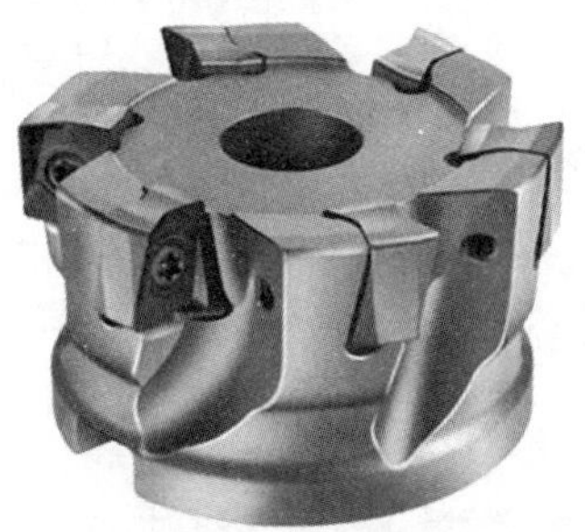

图 2-6　可转位式面铣刀

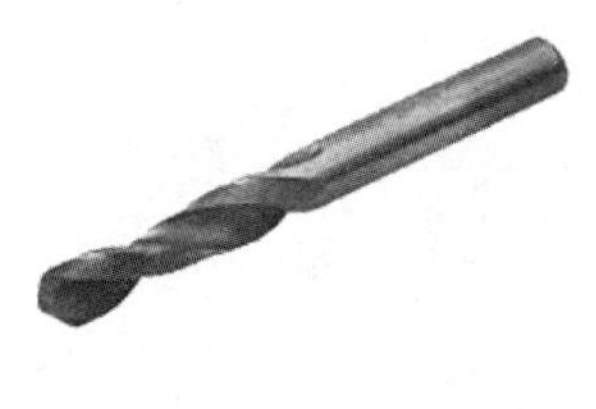

图 2-7　标准麻花钻

阅读以上材料，根据定位板零件的加工内容进行刀具的选择，完成表 2-4 所列定位板零件加工刀具卡的填写。

表 2-4　定位板零件加工刀具卡

产品名称或代号		零件名称		零件图号	
刀具号	刀具名称	数量	加工内容	刀具规格	

5．确定加工路线

进行数控铣削加工时，加工路线对零件的加工精度和表面质量有直接影响。加工路线的确定与工件的材料、余量、刚度、加工精度要求、表面粗糙度要求，机床的类型、刚度、精度，夹具的刚度，刀具的状态、刚度、耐用度等因素有关。合理的加工路线是指能保证零件加工精度和表面粗糙度要求，数值计算简单，程序段短，编程量小，走刀路线最短，空行程最少的高效率路线。

（1）查阅相关资料，列出加工路线的确定原则。

（2）通过阅读以上材料或查阅相关资料，设计定位板矩形导轨加工路线，并绘制其加工路线图。

（3）若要保证孔的加工精度，采用哪种加工方案比较合理？试绘制其加工路线图。

6．确定切削用量

切削用量包括主轴转速（切削速度）、背吃刀量和进给量等。对于不同的加工方法，需要选择不同的切削用量。

合理选择切削用量的原则：粗加工时，一般以提高生产效率为主，但也应考虑经济性和加工成本；半精加工和精加工时，应在保证加工质量的前提下，兼顾切削效率、经济性和加工成本。切削用量的具体数值应根据机床说明书、切削用量手册，并结合经验而定。

切削速度 v_c 可根据已经选定的背吃刀量、进给量及刀具耐用度进行选取。实际加工过程中，切削用量一般根据生产实践经验和查表的方法来选取。常用刀具材料切削用量的推荐值见表 2–5。

表 2–5 常用刀具材料切削用量的推荐值

刀具名称	刀具材料	切削速度 /（m/min）	进给量 /（mm/r）	背吃刀量 /mm
立铣刀或键槽铣刀	硬质合金	80 ~ 250	0.10 ~ 0.40	1.5 ~ 3.0
	高速钢	20 ~ 40	0.10 ~ 0.40	≤ 0.8*D*
标准麻花钻	硬质合金	40 ~ 60	0.05 ~ 0.20	0.5*D*
	高速钢	20 ~ 40	0.15 ~ 0.25	0.5*D*

注：*D* 为刀具直径。

切削速度 v_c 确定后，可根据刀具直径 D 按公式 $n=\frac{1\,000v_c}{\pi D}$ 来确定主轴转速 n（r/min）。

根据上述材料或查表，计算各刀具的切削用量，并将相应的数值填入表 2–6 中。

7．填写加工工序卡

小组讨论（或独立）完成定位板零件数控加工工序卡（表 2–6）的填写。

表 2–6　　定位板零件数控加工工序卡

单位名称		产品名称或代号			零件名称		零件图号	
工序号	程序编号	夹具名称			使用设备		车间	
工步号	工步内容	刀具号		刀具规格 /mm	主轴转速 /（r/min）	进给速度 /（mm/min）	背吃刀量 /mm	
编制		审核		批准		年　月　日	共　页	第　页

四、程序编制

1．学习编程指令

（1）查阅相关资料，写出 G02、G03 圆弧插补指令的格式及其含义。

（2）查阅相关资料，写出顺、逆圆弧的判别方法，并判别图 2–8 所示的顺、逆圆弧。

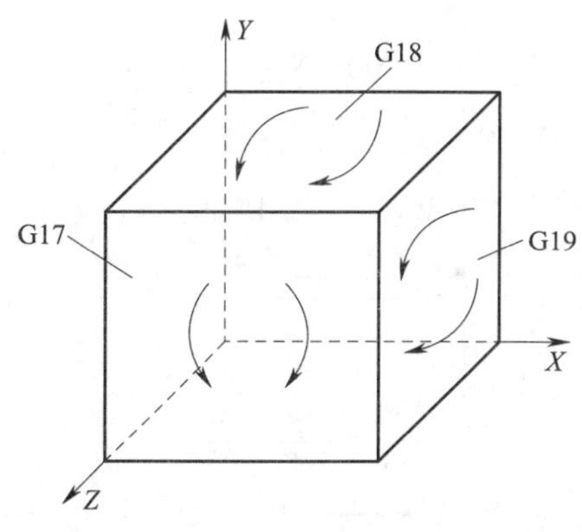

图 2–8　顺、逆圆弧判别

（3）应用示例如下：

1）如图 2-9 所示，试编写以 C 点为起点和终点的整圆的加工程序。

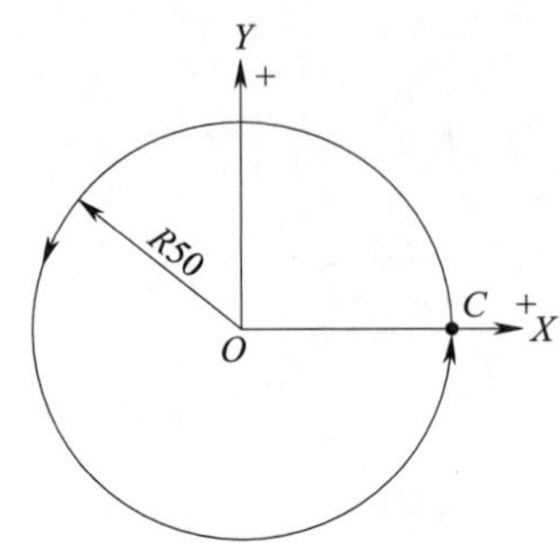

图 2-9 整圆加工示例

2）图 2-10 所示为深度 2 mm 的“C”字槽，采用 ϕ12 mm 的键槽铣刀进行加工，工件坐标系原点设置在毛坯（60 mm×70 mm×25 mm）上表面中心，根据给定的刀具运动路线及要求将下面的程序填写完整。

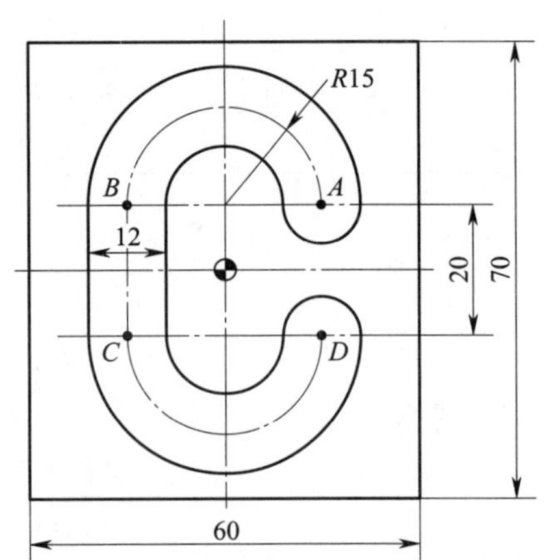

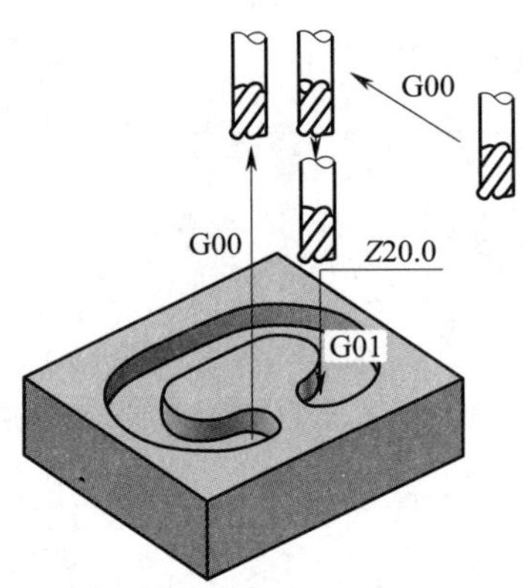

图 2-10 “C”字槽加工示例

…

G90　G00　X______　Y______；

Z______；

G01 Z______　F100；

G______　X______　Y______　R______；

G01 Y______；

G______　X______　Y______　R______；

G00 Z______；

…

想一想：为什么此例中刀具运动轨迹要偏移工件轮廓？若刀具直径改为 10 mm，刀具运动轨迹应偏移多少？

2．查阅相关资料，简述完成孔加工（回顾在车床上钻孔加工）的全部操作。

3．简述在数控铣床上完成孔加工的方法。

4．工件坐标系原点的确定和基点坐标的计算

（1）确定工件坐标系原点

工件坐标系原点的选择原则如下：

1）工件坐标系原点应选在零件图的基准尺寸上，以便于坐标值的计算。

2）工件坐标系原点应尽量选在精度较高的工件表面，以提高被加工零件的加工精度。

3）*Z* 轴方向上的工件坐标系原点一般选在工件的上表面。

根据工件坐标系原点的选择原则，绘制如图 2–11 所示零件的工件坐标系原点。

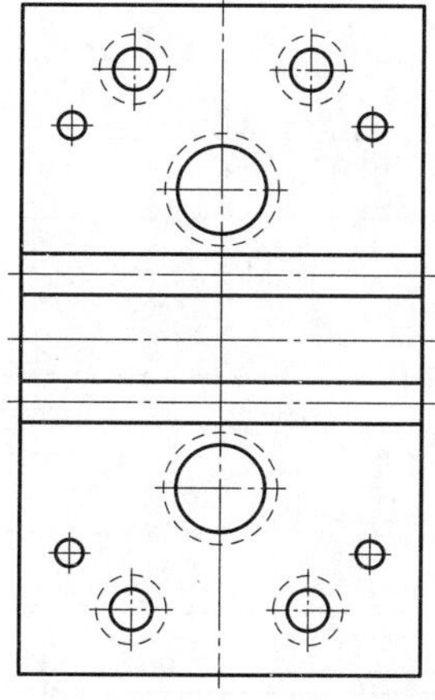

图 2–11　绘制工件坐标系原点

（2）计算基点坐标

1）根据矩形导轨加工路线图，计算各基点的坐标值。

2）根据定位板孔加工路线图，计算各孔的基点坐标值。

5．编写加工程序

（1）编写矩形导轨加工程序，并填写在表 2–7 中。

表 2–7 矩形导轨加工程序

程序	注释

续表

程序	注释

（2）编写孔加工（中心钻）程序，并填写在表 2–8 中。

表 2–8　　孔加工（中心钻）程序

程序	注释

（3）编写孔加工（钻各阶梯孔底孔）程序，并填写在表 2–9 中。

表 2–9　孔加工（钻各阶梯孔底孔）程序

程序	注释

（4）编写扩 ϕ26 mm 孔加工程序，并填写在表 2–10 中。

表 2–10　扩 ϕ26 mm 孔加工程序

程序	注释

续表

程序	注释

（5）编写扩 ϕ20 mm 孔加工程序，并填写在表 2–11 中。

表 2–11　　扩 ϕ20 mm 孔加工程序

程序	注释

（6）编写钻通孔加工程序，并填写在表 2–12 中。

表 2–12　　钻通孔加工程序

程序	注释

续表

程序	注释

学习活动 2　定位板的加工

学习目标

1. 能了解数控车间与工作区的范围和限制，理解企业对环境、安全、卫生和事故预防的标准。

2. 能检查工作区、设备、工具、材料的状况和功能。

3. 能根据现场条件，查阅相关资料，选用符合加工技术要求的工具、量具、刀具。

4. 能熟练装夹工件，并对其进行找正。

5. 能掌握切削液的种类和使用场合，正确选择本次学习活动中要用的切削液。

6. 能正确、规范地装夹刀具，并正确对刀。

7. 能正确输入零件的加工程序，应用数控铣床的模拟检验功能检查程序编写中的错误，并对程序进行优化。

8. 能严格根据车间管理规定，正确、规范地操作机床。

9. 能独立解决加工中出现的程序报警及机床简单故障问题。

10. 能按车间现场“6S”管理规定和产品工艺流程的要求，正确放置工具、产品，正确、规范地保养机床，进行产品交接并规范填写交接班记录表。

建议学时：14 学时。

学习过程

一、加工准备

1．熟悉工作环境

了解数控车间与工作区的范围和限制，理解企业对环境、安全、卫生和事故预防的标准。

2．领取工具、量具、刀具

领取工具、量具、刀具，并填写表 2–13。

表 2–13　　工具、量具、刀具清单

序号	名称	规格	数量	备注
1				
2				
3				
4				
5				
6				
7				
8				
9				
10				

3．领取毛坯

领取毛坯，测量并记录所领毛坯的实际外形尺寸，判断毛坯是否有足够的加工余量。

4．选择切削液

根据加工对象及所用刀具，选择本次学习活动所用的切削液。

二、加工过程

1．开机准备

（1）做好开机前的各项常规检查工作。

（2）规范启动机床。

（3）机床各坐标轴回参考点。

（4）输入数控加工程序并校验。

查阅相关资料，简述锁住机床校验程序的方法。

2．工件的装夹

（1）简述工件装夹的注意事项。

（2）如果不校正工件在机用虎钳中的位置，对工件的尺寸会有哪些影响?

3．刀具的安装

简述数控刀具在刀柄中的安装步骤。

4．对刀

简述对刀操作的主要步骤。通过试切法进行对刀操作，并记录 G54 数值。

G54	X
	Y
	Z

5．输入对刀数值

将 G54 数值输入机床中。

6．自动加工

（1）加工过程中注意观察刀具切削情况，记录加工中不合理的地方并及时纠正，提高工作效率。实际加工中，切削速度可以根据加工实际情况通过倍率开关进行调整。简述调整倍率开关的作用。

（2）粗加工完毕，精确测量加工尺寸，根据测量结果修改参数后再进行精加工。若加工尺寸偏大，应如何修整?

（3）记录在加工中出现的状况，分析后进行处理。

三、机床保养，场地清理

加工完毕，按照车间规定整理现场，清扫切屑，保养机床，并正确处置废油液等废弃物；按车间规定填写交接班记录（附表 1）和设备日常保养记录卡（附表 2）。

学习活动 3　定位板的检验与质量分析

学习目标

1. 能正确选择合理的检验工具和量具。

2. 能根据测量结果，分析误差产生的原因，优化加工策略。

3. 能正确对量具进行合理保养和维护。

4. 能按检验室管理要求，正确放置检验用工具、量具。

建议学时：4 学时。

学习过程

一、领取检测用量具

1．定位板零件需要测量哪些要素?

2．根据测量要素，列出零件在检测过程中要用到的量具，并填入表 2–14 中。

表 2–14　检测量具

序号	量具名称	量具规格（精度）	检测内容

二、检测零件，填写质量检验单

1．根据图样要求，自检零件，并将检测结果填入表 2–15 中。

表 2–15 定位板检测记录表

序号	名称	配分	项目与技术要求	评分标准	检测记录	得分
1	主要尺寸（42 分）	5	$20_{-0.021}^{0}$ mm	超差不得分		
2		2.5×2	（10±0.011）mm（2 处）	超差不得分		
3		5	（100±0.018）mm	超差不得分		
4		5	（70±0.015）mm	超差不得分		
5		5	（68±0.015）mm	超差不得分		
6		5	（40±0.012）mm	超差不得分		
7		3×4	ϕ6H7（4 处）	超差不得分		
8	次要尺寸（31 分）	3	126 mm	超差不得分		
9		1×4	ϕ16 mm（4 处）	超差不得分		
10		2×4	ϕ10 mm（4 处）	超差不得分		
11		3×2	ϕ26 mm（2 处）	超差不得分		
12		4	ϕ20 mm（2 处）	超差不得分		
13		3	平行度公差 0.02 mm	超差不得分		
14		1.5×2	垂直度公差 0.02 mm（2 处）	超差不得分		
15	表面粗糙度（12 分）	2×4	$Ra \leqslant 1.6$ μm（4 处）	降级不得分		
16		4	$Ra \leqslant 3.2$ μm	降级不得分		
17	主观评分（10 分）	3	已加工零件去毛刺是否符合图样要求			
18		4	已加工零件是否有划伤、碰伤和夹伤			
19		3	已加工零件与图样要求的一致性以及其余表面粗糙度			
20	更换毛坯（5 分）	5	是否更换毛坯	是 / 否		
21	职业素养	扣分	能正确穿戴工作服、工作鞋、安全帽等劳动防护用品。每违反一项，扣 2 分			
22			能按机床使用规范正确进行开关机、对刀等基本操作。每误操作一次，扣 2 分			
23			能规范使用及保养工具、量具和辅具。每违反操作一次，扣 2 分			
24			能做好设备清洁、保养工作。不清洁，不保养，扣 3 分；保养不彻底，扣 2 分			
总配分		100	总得分			

2．由教师演示平行度误差的测量方法，学生观察教师的动作，记录平行度误差的测量步骤，并进行平行度误差测量的练习。

三、分析不合格产品原因

分析不合格产品原因，提出修改方案，并填入表 2–16 中。

表 2–16　　不合格项目产生原因及改进方法

不合格项目	产生原因	改进方法
尺寸不正确		
孔中心距超差		
平行度误差超差		
垂直度误差超差		
表面粗糙度降级		

学习活动 4　工作总结与评价

学习目标

1. 能按照学生自我评价表完成自评。

2. 能结合自身任务完成情况，正确、规范地撰写工作总结（心得体会）。

3. 能对学习与工作进行反思总结，并能与他人开展良好合作，进行有效的沟通。

4. 能在作业过程中严格执行企业操作规范、安全生产制度、环保管理制度以及“6S”管理规定，严格遵守从业人员的职业道德，树立吃苦耐劳、爱岗敬业的工作态度和职业责任感。

5. 能与班组长、工具管理员等相关人员进行有效的沟通与合作，理解有效沟通和团队合作的重要性。

建议学时：4 学时。

学习过程

学习评价以学习目标为导向，围绕学习过程设计评价要点，依据多元评价理论，从不同角度关注学生综合职业能力和职业素质的养成。在教学过程中，学习评价由自我评价、小组评价和教师评价三部分组成，检验并提升学生的综合职业能力。学生最终成绩按下式进行计算：总评成绩 = 自我评价（40%）+ 小组评价（10%）+ 教师评价（50%）。

一、自我评价

学生通过自我评价发现自己存在的问题和不足，自我评价总分占学习评价的 40%（其中产品评价占 20%，自我评价占 20%）。

学生自我评价表见附表 3。

二、小组评价

小组评价由“组内工作过程考核互评”和“组间展示互评”两部分组成。“组内工作过程考核互评”让学生在评价别人和接受别人评价中发现问题、解决问题。“组间展示互评”把个人制作好的零件先进行分组展示，再由小组推荐代表做工作过程的介绍。在展示的过程中，以组为单位进行评价；评价完成后，根据其他组成员对本组展示的成果评价意见进行归纳总结。通过组内和组间互相考核，促使学生按规范认真完成工作任务，也使评价者在互评中完成知识学习和素质养成，小组评价总分占学习评价的 10%。

组内工作过程考核互评表见附表 4。

组间展示互评表见附表 5。

三、教师评价

教师评价的目的是提供有效的诊断和反馈，强化和改进教学的实施，对学生的学习过程进行评价。首先，教师对展示的作品分别做评价：一是找出各组的优点进行点评。二是对展示过程中各组的缺点进行点评，提出改进方法。三是对整个任务完成中出现的亮点和不足进行点评。然后，教师在教学过程中，根据学生的具体行为表现，按教师评价指标进行评价，教师评价总分占学习评价的 50%。

教师评价表见附表 6。

四、总结提升

试结合自身任务完成情况，撰写本次任务的工作总结（包含影响产品质量的因素、工艺顺序安排的依据和重要性、企业制订工作生产计划的理由等）。

工作总结（心得体会）

任务拓展

定位板加工任务拓展

一、工作情境描述

某企业接到一批定位板零件（图 2-12）加工订单，材料为 45 钢，毛坯尺寸为 202 mm×152 mm×22 mm，生产主管计划用数控铣床进行加工。要求设计对刀点及对刀方法，并完成零件加工。

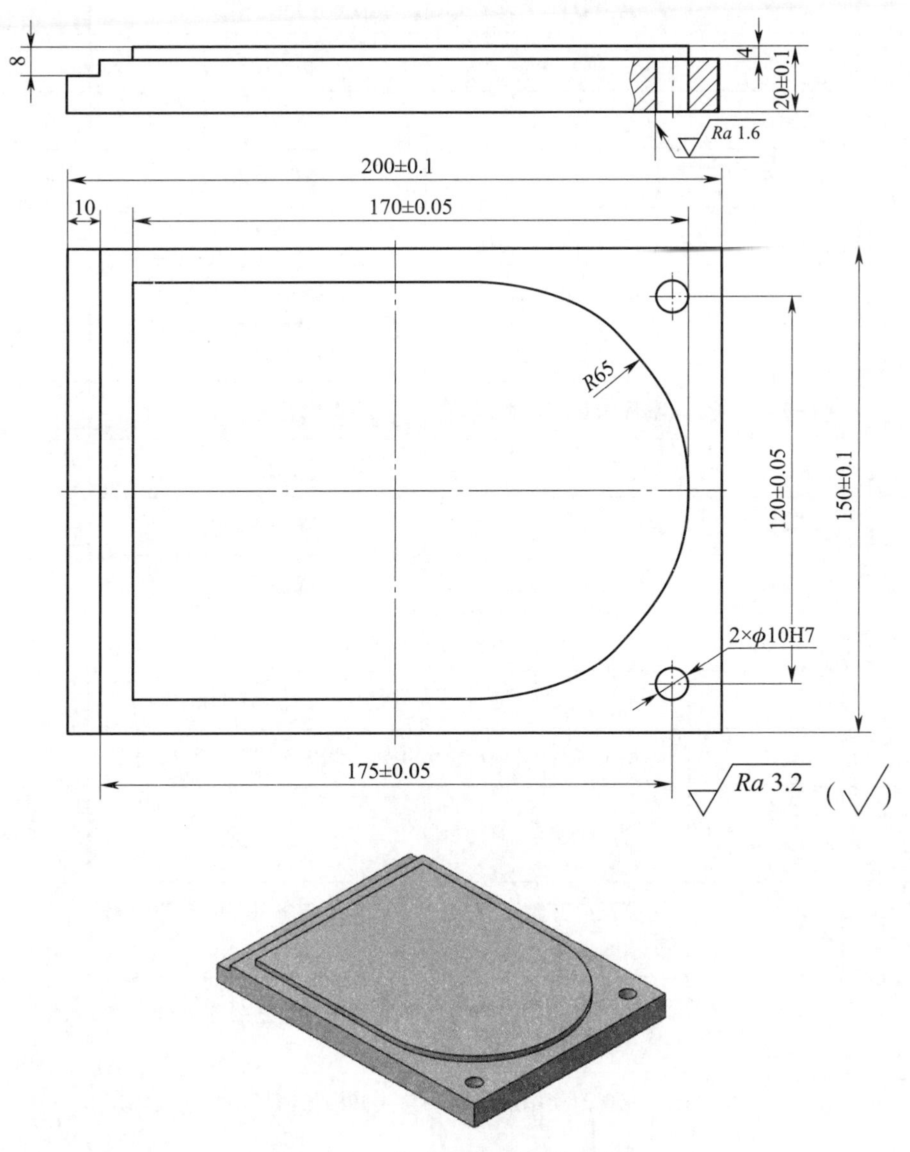

图 2-12　定位板加工任务拓展

二、检测零件，填写质量检验单

根据图样要求，自检零件，并将检测结果填入表 2-17 中。

表 2–17　　定位板加工任务拓展检测记录表

序号	名称	配分	项目与技术要求	评分标准	检测记录	得分
1	主要尺寸（42 分）	6	（200 ± 0.1）mm	超差不得分		
2		6	（150 ± 0.1）mm	超差不得分		
3		6	（175 ± 0.05）mm	超差不得分		
4		6	（170 ± 0.05）mm	超差不得分		
5		6	（120 ± 0.05）mm	超差不得分		
6		6 × 2	ϕ 10H7（2 处）	超差不得分		
7	次要尺寸（21 分）	5	*R*65 mm	超差不得分		
8		6	10 mm	超差不得分		
9		5	4 mm	超差不得分		
10		5	8 mm	超差不得分		
11	程序与工艺（10 分）	10	程序正确	不正确每处扣 1 ~ 3 分		
12			程序合理	不合理每处扣 1 ~ 3 分		
13			程序中工艺参数正确	不正确每处扣 1 ~ 3 分		
14			加工工艺正确	不正确每处扣 1 ~ 3 分		
15	表面粗糙度（12 分）	4 × 2	$Ra \leqslant 1.6\ \mu m$（2 处）	降级不得分		
16		4	$Ra \leqslant 3.2\ \mu m$	降级不得分		
17	主观评分（10 分）	3	已加工零件去毛刺是否符合图样要求			
18		4	已加工零件是否有划伤、碰伤和夹伤			
19		3	已加工零件与图样要求的一致性以及其余表面粗糙度			
20	更换毛坯（5 分）	5	是否更换毛坯	是 / 否		
21	职业素养	扣分	能正确穿戴工作服、工作鞋、安全帽等劳动防护用品。每违反一项，扣 2 分			
22			能按机床使用规范正确进行开关机、对刀等基本操作。每误操作一次，扣 2 分			
23			能规范使用及保养工具、量具和辅具。每违反操作一次，扣 2 分			
24			能做好设备清洁、保养工作。不清洁，不保养，扣 3 分；保养不彻底，扣 2 分			
总配分			100	总得分		

世赛知识

世界技能大赛数控铣测试项目

测试项目由三个独立的评价模块组成。每一模块包括图样、评分表等试题文件，各模块的毛坯规格、材料、加工要素、精度等级、评判点类型与数量、竞赛时间与流程、配分标准等由技术文件进行规范。

一、测试项目

1. 模块一技术描述（表 2–18）

表 2–18　模块一技术描述

项目		描述	备注
试件材料		铝合金 AlMG1SICU HB90	6061–T6
毛坯尺寸	最大	150 mm × 100 mm × 50 mm	
	最小	100 mm × 50 mm × 30 mm	
加工面		两面或三面	
竞赛时间		4.25 h	
编程		4.25 h	选手可在比赛时间内自主安排工作内容
刀具准备			
加工			
结构特征要素		结构特征要素描述	
必选项		铣槽、型腔、外轮廓，镗通孔，铣内螺纹或外螺纹	
可选项		铣圆形腔、铣方腔、钻孔、铰孔、攻螺纹	
评分点设置		评分点数量	
A	主要尺寸	最少 20 个、最多 23 个	
B	次要尺寸	最少 17 个、最多 20 个	
C	表面精度	最少 5 个、最多 8 个	

2. 模块二技术描述（表 2–19）

表 2–19　模块二技术描述

项目		描述	备注
试件材料		中碳钢 CK 45 1.1191	45 钢
毛坯尺寸	最大	150 mm × 100 mm × 50 mm	
	最小	100 mm × 50 mm × 50 mm	
加工面		两面或三面	

续表

项目		描述	备注
竞赛时间		6.25 h	
编程		2.5 h	按顺序进行
刀具准备		0.25 h	
加工		3.5 h	
结构特征要素		结构特征要素描述	
必选项		铣槽、型腔、外轮廓，镗通孔、凸台、圆弧槽，铣内螺纹（M30 × 1.5），铰孔	
可选项		铣方腔、钻孔、铣岛屿、攻螺纹	
评分点设置		评分点数量	
A	主要尺寸	最少 25 个、最多 28 个	
B	次要尺寸	最少 20 个、最多 23 个	
C	表面精度	最少 5 个、最多 8 个	

3. 模块三技术描述（表 2–20）

表 2–20　　模块三技术描述

项目		描述	备注
试件材料		中碳钢 CK 45 1.1191	45 钢
毛坯尺寸	最大	150 mm × 100 mm × 50 mm	
	最小	100 mm × 50 mm × 50 mm	
加工面		三面或四面	
竞赛时间		7 h	
编程		2.75 h	按顺序进行
刀具准备		0.25 h	
加工		4 h	
结构特征要素		结构特征要素描述	
必选项		镗盲孔，铣外轮廓、型腔、岛屿、外螺纹（M42 × 1.5），攻螺纹，铣加强筋（肋）（筋板最宽 8 mm，数量最多 2 个）	
可选项		圆弧槽、方槽、耳轴、舵枢	
评分点设置		评分点数量	
A	主要尺寸	最少 30 个、最多 33 个	
B	次要尺寸	最少 20 个、最多 23 个	
C	表面精度	最少 5 个、最多 8 个	

二、公差要求（表 2–21）

表 2–21 公差要求

序号	项目	精度标准	备注
主要尺寸			
1	尺寸公差	0.02 ~ 0.04 mm	≥ IT7 级
2	铰孔	IT7 级	
3	镗孔	IT7 级	
4	内、外螺纹	IT6 级	
5	几何公差	ISO 1101—2017	
次要尺寸			
1	未标注尺寸公差	± 0.04 mm	
2	螺纹深度（或长度）	+2 mm	
3	孔深度	+0.5 mm	钻孔
4	半径	± 0.2 mm	未标注尺寸公差
5	角度	± 0.5°	未标注尺寸公差
表面质量			
1	表面精度	*Ra*1.6 ~ 0.8 μm	

学习任务三　端盖的数控铣加工

学习目标

1. 能了解数控车间与工作区的范围和限制，理解企业对环境、安全、卫生和事故预防的标准。

2. 能检查工作区、设备、工具、材料的状况和功能。

3. 能阅读生产任务单，明确工作任务，制订合理的工作计划。

4. 能正确识读端盖零件图。

5. 能借助机械手册，查阅零件的几何公差和切削用量等知识，理解机械手册在生产中的重要性。

6. 能正确分析数控加工工艺，选择合理的切削用量、刀具及装夹方式。

7. 能根据任务书、零件图加工要求，通过查阅数控加工工艺学，分析并制定端盖的数控加工工艺，正确、规范地填写端盖加工工艺卡。

8. 能了解加工材料的金属切削性能。

9. 能完成端盖数控加工程序的编制。

10. 能正确、规范地对端盖进行数控铣加工。

11. 能按车间现场“6S”管理规定和产品工艺流程的要求，正确放置工具、产品，正确、规范地保养机床，进行产品交接并规范填写交接班记录表。

12. 能根据零件图，合理选择工具、量具，确定检测方法，记录几何误差值。

13. 能对端盖进行正确的测量，评估与判断零件质量是否合格，并提出改进措施。

14. 能主动获取有效信息，展示工作成果，对学习与工作进行反思总结，优化方案和策略，具备知识迁移能力。

15. 能与班组长、工具管理员等相关人员进行有效的沟通与合作，理解有效沟通和团队合作的重要性。

16. 能在作业过程中严格执行企业操作规范、安全生产制度、环保管理制度以及“6S”管理规定，严格遵守从业人员的职业道德，树立吃苦耐劳、爱岗敬业的工作态度和职业责任感。

建议学时

30学时。

工作情境描述

某企业接到一批端盖零件（图 3–1）加工订单，材料为铸铝，生产主管计划用数控铣床进行加工。该零件为矩形，端盖上有密封槽、安装孔、定位凸台、安装平面等要素。安装平面表面粗糙度 $Ra \leqslant 1.6\ \mu m$，平面度公差为 0.05 mm，其余尺寸精度为 IT10 ~ IT8 级，外形不加工。

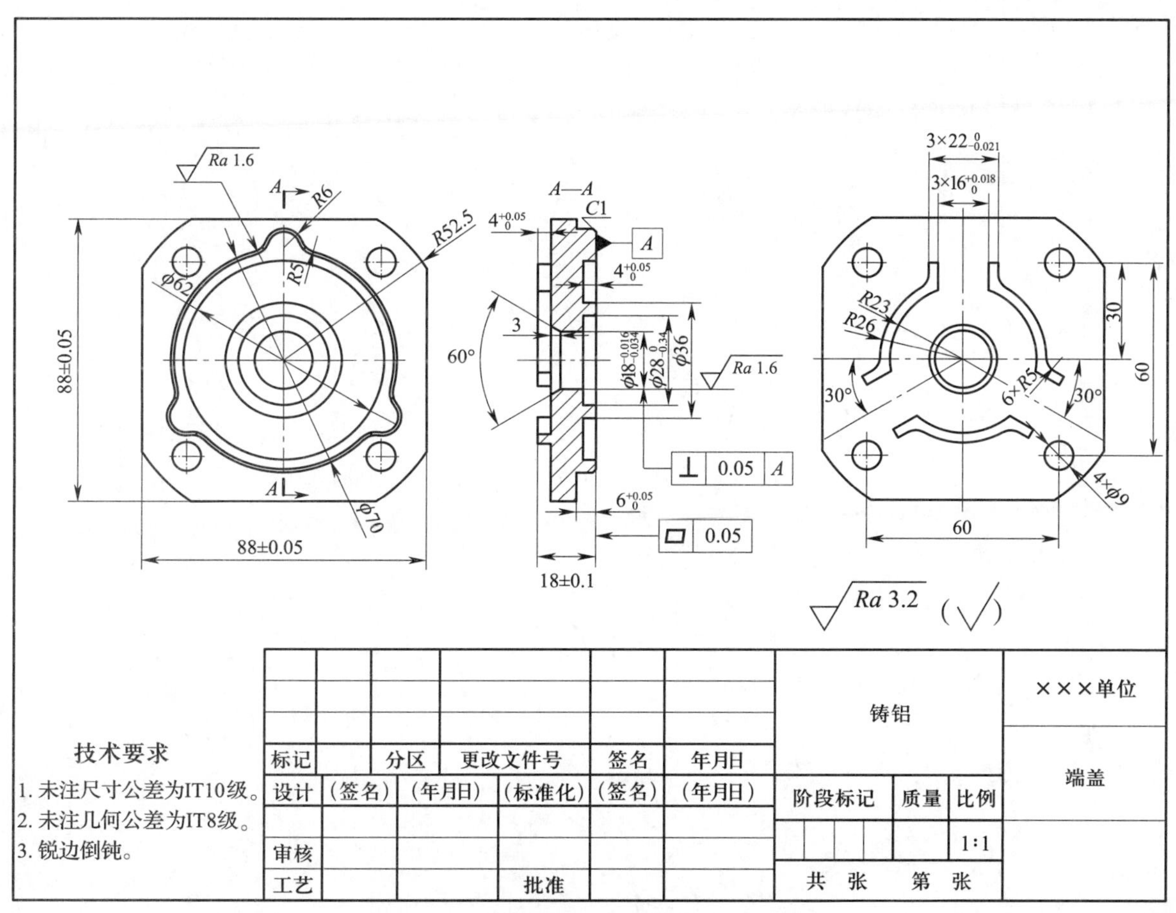

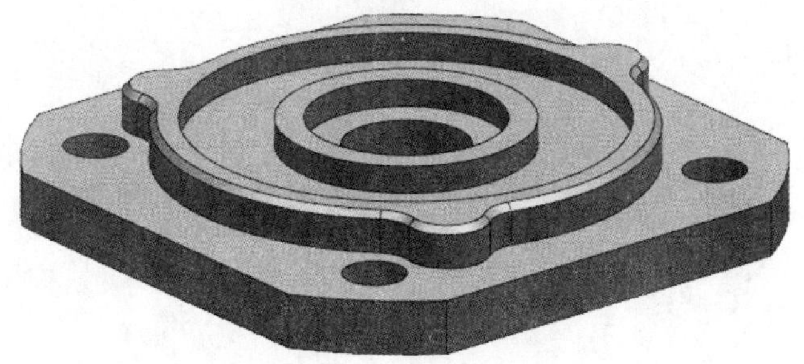

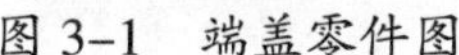
图 3–1　端盖零件图

工作流程与活动

1．端盖加工工艺分析与编程（8 学时）

2．端盖的加工（14 学时）

3．端盖的检验与质量分析（4 学时）

4．工作总结与评价（4 学时）

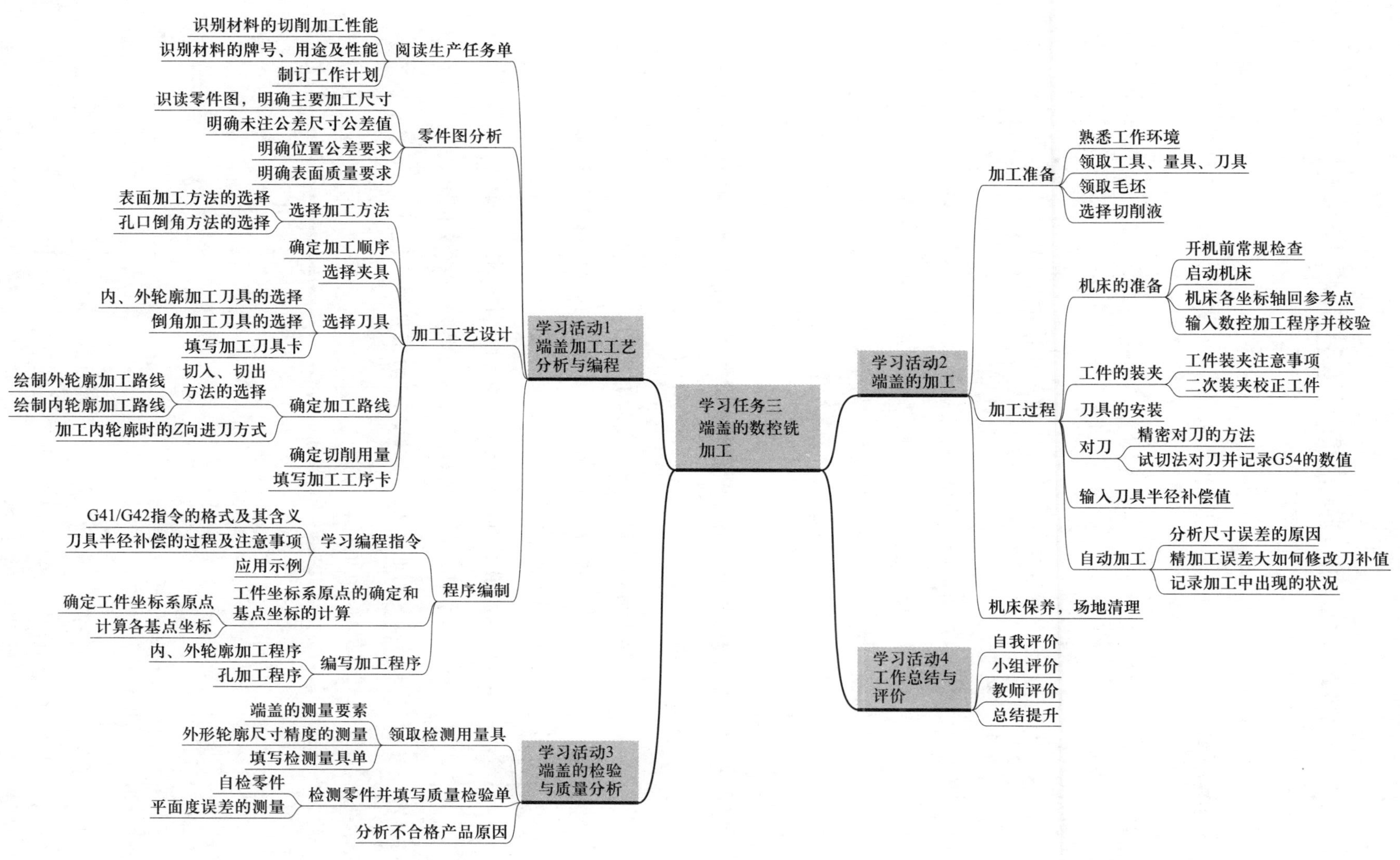
学习任务三 端盖的数控铣加工
学习活动1 端盖加工工艺分析与编程
阅读生产任务单
识别材料的切削加工性能
识别材料的牌号、用途及性能
制订工作计划
零件图分析
识读零件图，明确主要加工尺寸
明确未注公差尺寸公差值
明确位置公差要求
明确表面质量要求
加工工艺设计
选择加工方法
表面加工方法的选择
孔口倒角方法的选择
确定加工顺序
选择夹具
选择刀具
内、外轮廓加工刀具的选择
倒角加工刀具的选择
填写加工刀具卡
确定加工路线
切入、切出方法的选择
绘制外轮廓加工路线
绘制内轮廓加工路线
加工内轮廓时的Z向进刀方式
确定切削用量
填写加工工序卡
程序编制
学习编程指令
G41/G42指令的格式及其含义
刀具半径补偿的过程及注意事项
应用示例
工件坐标系原点的确定和基点坐标的计算
确定工件坐标系原点
计算各基点坐标
编写加工程序
内、外轮廓加工程序
孔加工程序
学习活动2 端盖的加工
加工准备
熟悉工作环境
领取工具、量具、刃具
领取毛坯
选择切削液
加工过程
机床的准备
开机前常规检查
启动机床
机床各坐标轴回参考点
输入数控加工程序并校验
工件的装夹
工件装夹注意事项
二次装夹校正工件
刀具的安装
对刀
精密对刀的方法
试切法对刀并记录G54的数值
输入刀具半径补偿值
自动加工
分析尺寸误差的原因
精加工误差大如何修改刀补值
记录加工中出现的状况
机床保养，场地清理
学习活动3 端盖的检验与质量分析
领取检测用量具
端盖的测量要素
外形轮廓尺寸精度的测量
填写检测量具单
检测零件并填写质量检验单
自检零件
平面度误差的测量
分析不合格产品原因
学习活动4 工作总结与评价
自我评价
小组评价
教师评价
总结提升

学习活动1　端盖加工工艺分析与编程

学习目标

1. 能阅读生产任务单，明确工作任务，制订合理的工作计划。

2. 能正确识读端盖零件图。

3. 能借助机械手册，查阅零件的几何公差和切削用量等知识，理解机械手册在生产中的重要性。

4. 能查阅数控加工工艺学，分析端盖的数控加工工艺。

5. 能合理制定端盖的数控加工工序，并填写数控加工工序卡。

6. 能完成端盖数控加工程序的编制。

7. 能掌握铣刀的结构、用途，正确选择加工用铣刀。

8. 能根据数控加工工艺、零件材料等要求，查阅机械手册和刀具手册，合理选择刀具、刀具几何参数和切削用量，理解刀具的选择在产品加工中的重要性。

建议学时：8学时。

学习过程

一、阅读生产任务单（表 3–1）

表 3–1　　　　　　　　　　生产任务单

需方单位名称				完成日期	年　月　日	
序号	产品名称	材料	数量	技术标准、质量要求		
1	端盖	铸铝		按图样要求		
2						
3						
4						
生产批准时间		年　月　日	批准人			
通知任务时间		年　月　日	发单人			
接单时间		年　月　日	接单人		生产班组	数控加工组

1．查阅相关资料，了解什么是材料的切削加工性能？

2．由生产任务单可知端盖的材料为铸铝，借助机械手册查阅铸铝的牌号、用途及性能。

3．本生产任务工期为 5 天，请根据任务要求，制订合理的工作计划，并根据小组成员的特点进行分工，填写在表 3–2 工作计划表中。

表 3–2　　工作计划表

序号	工作内容	时间	成员	负责人
1	工艺分析			
2	编制程序			
3	数控铣加工			
4	成品检验与质量分析			

二、零件图分析

图 3–1 所示为端盖零件图，试按要求完成下列任务。

1．分析零件图，在表 3–3 中填写端盖的主要加工尺寸、几何公差要求及表面质量要求，并进行相应的尺寸公差计算，为数控加工工艺的制定做准备。

表 3–3　　零件图分析

序号	项目	内容	偏差范围（数值）
1	主要加工尺寸		
2			
3			
4			
5			
6			
7			
8			
9	几何公差要求		
10			
11	表面质量要求		

2．查阅机械手册或咨询班组长等专业技术人员，写出图 3–1 中所有未注公差尺寸的公差值。

3．查阅机械手册或咨询班组长等专业技术人员，解释端盖零件图中所有位置公差的含义。

三、加工工艺设计

1．选择加工方法

（1）结合端盖零件的表面质量及尺寸要求，选择表面的加工方法。

（2）查阅相关资料，试确定孔口倒角的加工方法。

2．确定加工顺序

结合图 3–1 所示端盖零件的加工要求和结构特点，制定本任务的加工顺序。

3．选择夹具

查阅相关资料，结合本任务零件的结构特点选择夹紧方案及夹具。

4．选择刀具

（1）加工零件内、外轮廓时应各选择哪种刀具?

（2）加工孔口 60° 倒角时应选择哪种刀具?

（3）加工 $C1$ mm 倒角时应选择哪种刀具?

（4）根据端盖零件的加工内容进行刀具的选择，完成表 3–4 所列端盖零件加工刀具卡的填写。

表 3–4 端盖零件加工刀具卡

产品名称或代号		零件名称		零件图号	
刀具号	刀具名称	数量	加工内容	刀具规格	

5．确定加工路线

（1）切入、切出方法的选择

采用立铣刀侧刃铣削轮廓类零件时，为减少接刀痕迹，保证零件表面质量，铣刀的切入和切出点应选在零件轮廓曲线的延长线上（如图 3–2 所示 A—B—C—B—D），而不应沿法向直接切入零件，以避免加工表面产生刀痕，保证零件轮廓光滑。

铣削内轮廓表面时，如果切入和切出无法外延，切入与切出应尽量采用圆弧过渡（图 3–3）。在无法实现圆弧过渡时，铣刀可沿零件轮廓的法线方向切入和切出，但须将其切入、切出点选在零件轮廓两几何元素的交点处。

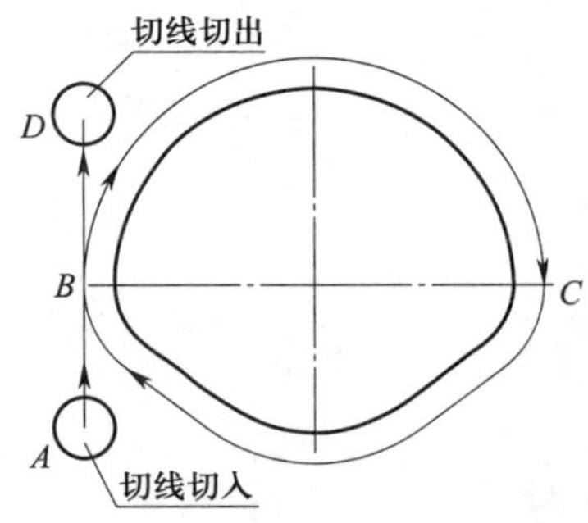

图 3–2 外轮廓切线切入、切出

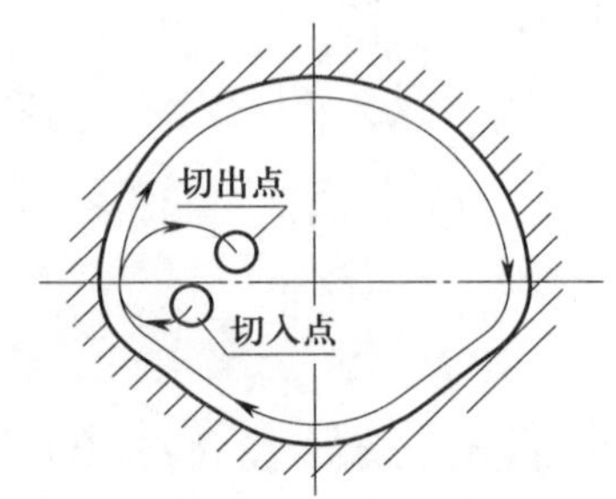

图 3–3 内轮廓切线切入、切出

1）阅读以上材料，设计 88 mm×88 mm 外轮廓加工路线，并绘制其加工路线图。

2）设计 ϕ70 mm 圆弧外轮廓加工路线，并绘制其加工路线图。

3）设计 ϕ36 mm 内轮廓加工路线，并绘制其加工路线图。

4）设计腰形外轮廓的加工路线，并绘制其加工路线图。

（2）加工内轮廓时的 Z 向进刀方式

与加工外轮廓相比，内轮廓加工过程中的主要问题是如何进行 Z 向切深进刀。通常，选择的刀具种类不同，其进刀方式也不相同。在数控加工中，常用的内轮廓加工 Z 向进刀方式主要有以下几种。

1）垂直切深进刀。如图 3–4a 所示，采用垂直切深进刀时，须选择切削刃过中心的键槽铣刀或钻铣刀进行加工，而不能采用立铣刀（中心处没有切削刃）进行加工。另外，采用这种进刀方式切削时，刀具中心的切削线速度为零。因此，即使选用键槽铣刀进行加工，也应选择较低的切削进给速度（通常为 XY 平面内切削进给速度的一半）。

2）钻工艺孔进刀。在内轮廓加工过程中，有时需用立铣刀加工内型腔，以保证刀具的强度。由于立铣刀无法进行 Z 向垂直切深，因此，可选用直径稍小的钻头先加工出工艺孔，如图 3–4b 所示，再以立铣刀进行 Z 向垂直切深进给。

3）三轴联动斜直线进刀。采用立铣刀加工内轮廓时，也可直接采用三轴联动斜直线方式进刀，如图

3–4c 所示，从而避免刀具中心部分参加切削。这种进刀方式无法实现 Z 向进给与轮廓加工的平滑过渡，容易产生加工痕迹。

4）三轴联动螺旋线进刀。采用三轴联动的另一种进刀方式是螺旋线进刀，如图 3–4d 所示。这种进刀方式容易实现 Z 向进刀与轮廓加工的自然平滑过渡，不会产生加工过程中的接刀痕迹。因此，在手工编程和自动编程的内轮廓铣削中广泛使用这种进刀方式。

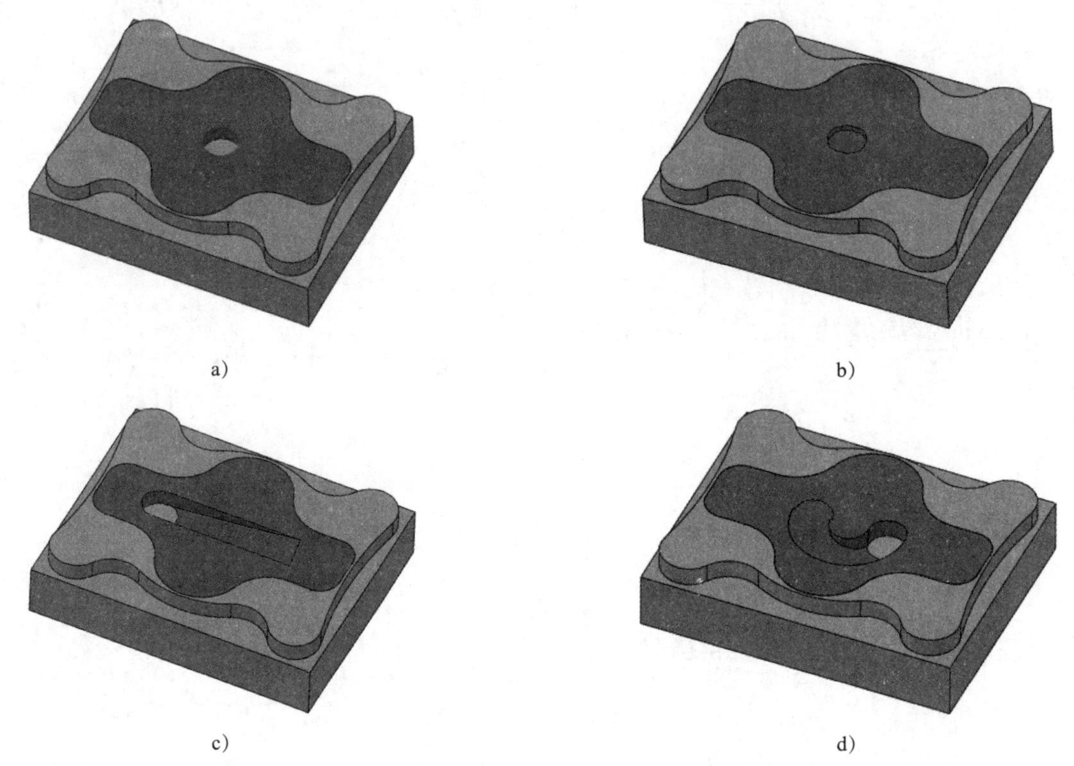

图 3–4　加工内轮廓时的 Z 向进刀方式

a）垂直切深进刀　b）钻工艺孔进刀　c）三轴联动斜直线进刀　d）三轴联动螺旋线进刀

通过阅读以上材料，确定端盖内轮廓粗、精加工的进刀方式。

6．确定切削用量

根据选择的刀具及刀具材料，查阅刀具切削参数表，计算切削参数（转速 $n=\dfrac{1\,000v_c}{\pi D}$，进给量 $F=f_z zn$），并将相应的数值填入表 3–5 中。

7．填写加工工序卡

小组讨论（或独立）完成端盖零件数控加工工序卡（表 3–5）的填写。

表 3–5　　端盖零件数控加工工序卡

<table>
<tr><td colspan="3">单位名称</td><td colspan="4">产品名称或代号</td><td colspan="2">零件名称</td><td colspan="2">零件图号</td></tr>
<tr><td colspan="3"></td><td colspan="4"></td><td colspan="2"></td><td colspan="2"></td></tr>
<tr><td colspan="2">工序号</td><td>程序编号</td><td colspan="4">夹具名称</td><td colspan="2">使用设备</td><td colspan="2">车间</td></tr>
<tr><td colspan="2"></td><td></td><td colspan="4"></td><td colspan="2"></td><td colspan="2"></td></tr>
<tr><td>工步号</td><td colspan="2">工步内容</td><td colspan="2">刀具号</td><td>刀具规格 /
mm</td><td>主轴转速 /
（r/min）</td><td>进给速度 /
（mm/min）</td><td colspan="2">铣削层深度 /mm</td></tr>
<tr><td></td><td colspan="2"></td><td colspan="2"></td><td></td><td></td><td></td><td colspan="2"></td></tr>
<tr><td></td><td colspan="2"></td><td colspan="2"></td><td></td><td></td><td></td><td colspan="2"></td></tr>
<tr><td></td><td colspan="2"></td><td colspan="2"></td><td></td><td></td><td></td><td colspan="2"></td></tr>
<tr><td></td><td colspan="2"></td><td colspan="2"></td><td></td><td></td><td></td><td colspan="2"></td></tr>
<tr><td></td><td colspan="2"></td><td colspan="2"></td><td></td><td></td><td></td><td colspan="2"></td></tr>
<tr><td></td><td colspan="2"></td><td colspan="2"></td><td></td><td></td><td></td><td colspan="2"></td></tr>
<tr><td>编制</td><td></td><td>审核</td><td></td><td>批准</td><td></td><td colspan="2">年　月　日</td><td>共　页</td><td>第　页</td></tr>
</table>

四、程序编制

1．学习编程指令

（1）查阅相关资料，写出 G41、G42 刀具半径补偿指令的格式及其含义。

（2）刀具半径补偿的过程分为哪三步？刀具半径补偿的注意事项有哪些？

（3）应用示例如下：

1）刀具半径补偿功能除了使编程人员能直接按轮廓编程，简化了编程工作外，在实际加工中还有哪些其他方面的应用？

2）编程示例。如图 3-5a 所示，零件的毛坯尺寸为 80 mm×80 mm×25 mm，材料为 45 钢，采用 ϕ12 mm 平底铣刀加工，根据给定的加工路线，采用刀具半径补偿指令，将下面的程序填写完整。

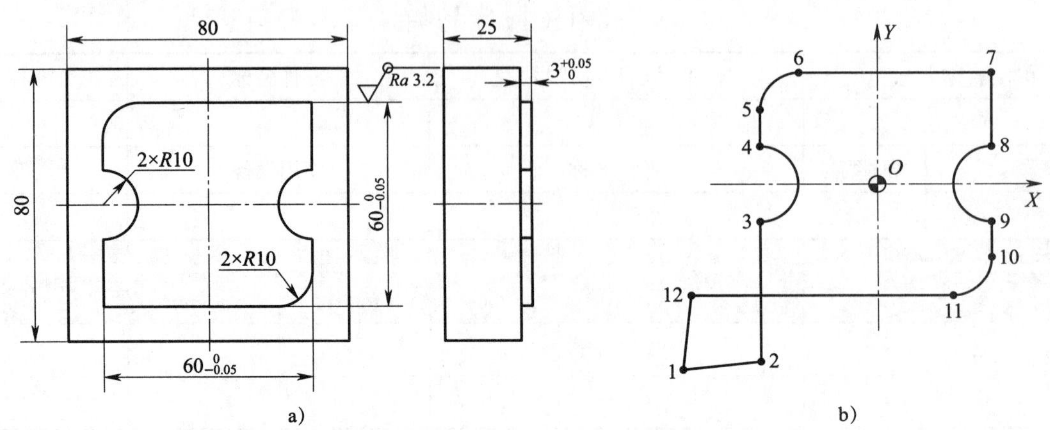

图 3-5 零件图及给定的加工路线

a）零件图 b）给定的加工路线

…

G90 G00 X________ Y________ ;

Z________ ;

G01 Z________ F100;

G41 X________ Y________ ; D________ ;

G01 Y________ ;

G________ X________ Y________ R________ ;

G01 Y________ ;

G________ X________ Y________ R________ ;

G01 X________ ;

G01 Y________ ;

G________ X________ Y________ R________ ;

G01 Y________ ;

G________ X________ Y________ R________ ;

G01 X________ ;

G________ X________ Y________ ;

G00 Z________ ;

…

想一想：若刀具直径改为 16 mm，程序有无变化？如何使用不同直径的刀具加工同一个轮廓？

2．工件坐标系原点的确定和基点坐标的计算

（1）确定工件坐标系原点

如图 3-6 所示，绘制零件的工件坐标系原点。

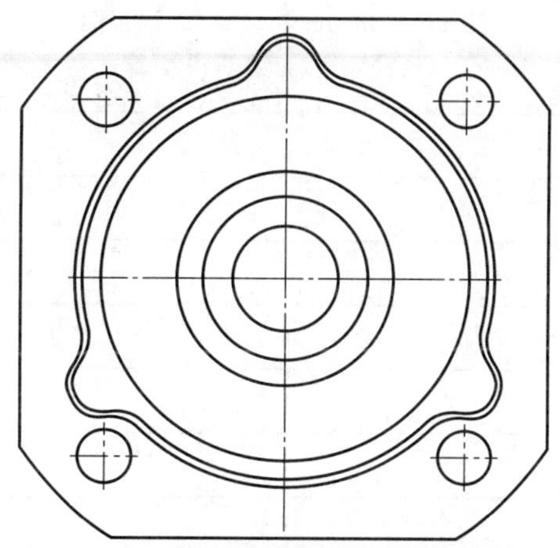

图 3-6　绘制零件的工件坐标系原点

（2）计算基点坐标

1）根据 88 mm×88 mm 外轮廓加工路线图，计算各基点的坐标值。

2）根据孔加工路线图，计算各孔的基点坐标值。

3）根据 ϕ70 mm 圆弧外轮廓加工路线图，利用计算机绘图软件找出各基点的坐标值。

4）根据腰形外轮廓的加工路线图，利用计算机绘图软件找出各基点的坐标值。

3．编写加工程序

（1）编写 88 mm×88 mm 外轮廓加工程序，并填写在表 3–6 中。

表 3–6　88 mm×88 mm 外轮廓加工程序

程序	注释

（2）编写铣 ϕ70 mm 圆弧凸台加工程序，并填写在表 3–7 中。

表 3–7　　铣 ϕ70 mm 圆弧凸台加工程序

程序	注释

（3）编写孔加工（钻孔）程序，并填写在表 3–8 中。

表 3–8　　孔加工（钻孔）程序

程序	注释

续表

程序	注释

（4）编写铣 ϕ36 mm 内轮廓加工程序，并填写在表 3–9 中。

表 3–9　　铣 ϕ36 mm 内轮廓加工程序

程序	注释

（5）编写铣 ϕ28 mm 孔加工程序，并填写在表 3–10 中。

表 3–10　　铣 ϕ28 mm 孔加工程序

程序	注释

（6）编写铣 ϕ18 mm 通孔加工程序，并填写在表 3–11 中。

表 3–11　　铣 ϕ18 mm 通孔加工程序

程序	注释

（7）编写铣腰形外轮廓加工程序，并填写在表 3–12 中。

表 3–12　　铣腰形外轮廓加工程序

程序	注释

学习活动2　端盖的加工

学习目标

1. 能了解数控车间与工作区的范围和限制，理解企业对环境、安全、卫生和事故预防的标准。

2. 能检查工作区、设备、工具、材料的状况和功能。

3. 能根据现场条件，查阅相关资料，选用符合加工技术要求的工具、量具、刀具。

4. 能熟练装夹工件，并对其进行找正。

5. 能掌握切削液的种类和使用场合，正确选择本次学习活动中要用的切削液。

6. 能正确、规范地装夹刀具，并正确对刀。

7. 能正确输入零件的加工程序，应用数控铣床的模拟检验功能检查程序编写中的错误，并对程序进行优化。

8. 能严格根据车间管理规定，正确、规范地操作机床。

9. 能独立解决加工中出现的程序报警及机床简单故障问题。

10. 能按车间现场“6S”管理规定和产品工艺流程的要求，正确放置工具、产品，正确、规范地保养机床，进行产品交接并规范填写交接班记录表。

建议学时：14学时。

学习过程

一、加工准备

1．熟悉工作环境

了解数控车间与工作区的范围和限制，理解企业对环境、安全、卫生和事故预防的标准。

2．领取工具、量具、刀具

领取工具、量具、刀具，并填写表 3–13。

表 3–13　　　　工具、量具、刀具清单

序号	名称	规格	数量	备注
1				
2				
3				
4				
5				
6				
7				
8				
9				
10				

3．领取毛坯

领取毛坯，测量并记录所领毛坯的实际外形尺寸，判断毛坯是否有足够的加工余量。

4．选择切削液

根据加工对象及所用刀具，选择本次学习活动要用的切削液。

二、加工过程

1．开机准备

（1）做好开机前的各项常规检查工作。

（2）规范启动机床。

（3）机床各坐标轴回参考点。

（4）输入数控加工程序并校验。

查阅相关资料，简述改变工件坐标系、设定 G54 参数校验程序的方法。

2．工件的装夹

（1）简述工件装夹的注意事项。

（2）二次装夹工件是否要校正？若不校正对工件会有哪些影响？

3．刀具的安装

简述刀具安装时的注意事项。

4．对刀

（1）查阅相关资料，列出精密对刀的方法。

（2）画图说明端盖零件的对刀方法。通过试切法进行对刀操作，并记录 G54 数值。

G54	X
	Y
	Z

5．输入刀具半径补偿值

采用同一段程序，加工时用改变刀具半径补偿值的方法实现工件的粗、精加工。在粗加工时，将偏置量设为 $D=R+\Delta$，其中 R 为刀具的半径，Δ 为精加工余量，这样在粗加工完成后，形成的工件轮廓的加工尺寸要比实际轮廓每边都大 Δ。

粗加工外形轮廓时，设置刀具半径补偿值为__________ mm；精加工外形轮廓时，根据测量结果设置刀具半径补偿值。

6．自动加工

（1）加工过程中注意观察刀具切削情况，记录加工中不合理的地方并及时纠正，提高工作效率。实际加工中，切削速度可以根据加工实际情况通过倍率开关进行调整。若粗加工尺寸误差较大，试分析产生误差的原因。

（2）粗加工完毕，精确测量加工尺寸，根据测量结果修改刀具半径补偿值，再进行精加工。若加工尺寸偏大或偏小，应如何修改刀补值?

（3）记录在加工中出现的状况，分析后进行处理。

三、机床保养，场地清理

加工完毕，按照车间规定整理现场，清扫切屑，保养机床，并正确处置废油液等废弃物；按车间规定填写交接班记录（附表 1）和设备日常保养记录卡（附表 2）。

学习活动 3　端盖的检验与质量分析

学习目标

1. 能正确选择合理的检验工具和量具。

2. 能根据测量结果，分析误差产生的原因，优化加工策略。

3. 能正确对量具进行合理保养和维护。

4. 能按检验室管理要求，正确放置检验用工具、量具。

建议学时：4 学时。

学习过程

一、领取检测用量具

1．端盖零件需要测量哪些要素？

2．外形轮廓尺寸精度的测量。

常用于测量外形轮廓尺寸的量具如图 3–7 所示，游标卡尺（图 3–7a）和千分尺（图 3–7b）主要用于尺寸精度的测量，而游标万能角度尺（图 3–7c）和直角尺（图 3–7d）主要用于角度的测量。

应用游标卡尺测量工件时，对操作人员的手感要求较高，测量时游标卡尺夹持工件的松紧程度对测量结果影响较大。因此，实际测量时的测量精度不是很高。

千分尺的测量精度通常为 0.01 mm，测量灵敏度比游标卡尺高，而且测量时也容易控制其夹持工件的松紧程度。因此，千分尺主要用于较高精度轮廓尺寸的测量。

游标万能角度尺与直角尺主要用于各种角度和垂直度的测量，测量时常采用透光检查法。

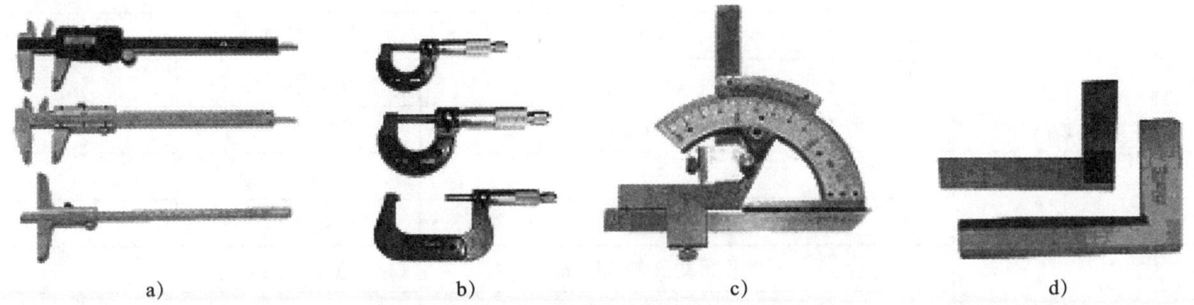

a) b) c) d)

图 3-7 测量外形轮廓尺寸常用量具

a）游标卡尺 b）千分尺 c）游标万能角度尺 d）直角尺

阅读以上材料，根据测量要素，列出零件在检测过程中要用到的量具，并填入表 3-14 中。

表 3-14 检测量具

序号	量具名称	量具规格（精度）	检测内容

二、检测零件，填写质量检验单

1．根据图样要求，自检零件，并将检测结果填入表 3-15 中。

表 3-15 端盖检测记录表

序号	名称	配分	项目与技术要求	评分标准	检测记录	得分
1	主要尺寸（48 分）	5×2	（88±0.05）mm（2 处）	超差不得分		
2		5	$\phi 18^{-0.016}_{-0.034}$ mm	超差不得分		
3		5	$\phi 28^{0}_{-0.034}$ mm	超差不得分		
4		3×3	$22^{0}_{-0.021}$ mm（3 处）	超差不得分		
5		3×3	$16^{+0.018}_{0}$ mm（3 处）	超差不得分		
6		5	$4^{+0.05}_{0}$ mm	超差不得分		
7		5	$6^{+0.05}_{0}$ mm	超差不得分		

续表

序号	名称	配分	项目与技术要求	评分标准	检测记录	得分
8	次要尺寸（25分）	4	（18 ± 0.1）mm	超差不得分		
9		3	ϕ70 mm	超差不得分		
10		3	ϕ62 mm	超差不得分		
11		3	ϕ36 mm	超差不得分		
12		3	30°	超差不得分		
13		3	60°	超差不得分		
14		3	平面度公差 0.05 mm	超差不得分		
15		3	垂直度公差 0.05 mm	超差不得分		
16	表面粗糙度（12分）	4×2	$Ra \leqslant 1.6\ \mu m$（2处）	降级不得分		
17		4	$Ra \leqslant 3.2\ \mu m$	降级不得分		
18	主观评分（10分）	3	已加工零件去毛刺是否符合图样要求			
19		4	已加工零件是否有划伤、碰伤和夹伤			
20		3	已加工零件与图样要求的一致性以及其余表面粗糙度			
21	更换毛坯（5分）	5	是否更换毛坯	是 / 否		
22	职业素养	扣分	能正确穿戴工作服、工作鞋、安全帽等劳动防护用品。每违反一项，扣 2 分			
23			能按机床使用规范正确进行开关机、对刀等基本操作。每误操作一次，扣 2 分			
24			能规范使用及保养工具、量具和辅具。每违反操作一次，扣 2 分			
25			能做好设备清洁、保养工作。不清洁，不保养，扣 3 分；保养不彻底，扣 2 分			
总配分			100	总得分		

2．由教师演示平面度误差的测量方法，学生观察教师的动作，记录平面度误差的测量步骤，并进行平面度误差测量的练习。

三、分析不合格产品原因

分析不合格产品原因，提出修改方案，并填入表 3–16 中。

表 3–16　不合格项目产生原因及改进方法

不合格项目	产生原因	改进方法
尺寸不正确		
平面度误差		
垂直度误差		
表面粗糙度降级		

学习活动 4　工作总结与评价

学习目标

1. 能按照学生自我评价表完成自评。

2. 能结合自身任务完成情况，正确、规范地撰写工作总结（心得体会）。

3. 能对学习与工作进行反思总结，并能与他人开展良好合作，进行有效的沟通。

4. 能在作业过程中严格执行企业操作规范、安全生产制度、环保管理制度以及“6S”管理规定，严格遵守从业人员的职业道德，树立吃苦耐劳、爱岗敬业的工作态度和职业责任感。

5. 能与班组长、工具管理员等相关人员进行有效的沟通与合作，理解有效沟通和团队合作的重要性。

建议学时：4 学时。

学习过程

学习评价以学习目标为导向，围绕学习过程设计评价要点，依据多元评价理论，从不同角度关注学生综合职业能力和职业素质的养成。在教学过程中，学习评价由自我评价、小组评价和教师评价三部分组成，检验并提升学生的综合职业能力。学生最终成绩按下式进行计算：总评成绩 = 自我评价（40%）+ 小组评价（10%）+ 教师评价（50%）。

一、自我评价

学生通过自我评价发现自己存在的问题和不足，自我评价总分占学习评价的 40%（其中产品评价占 20%，自我评价占 20%）。

学生自我评价表见附表 3。

二、小组评价

小组评价由“组内工作过程考核互评”和“组间展示互评”两部分组成。“组内工作过程考核互评”让学生在评价别人和接受别人评价中发现问题、解决问题。“组间展示互评”把个人制作好的零件先进行分组展示，再由小组推荐代表做工作过程的介绍。在展示的过程中，以组为单位进行评价；评价完成后，根据其他组成员对本组展示的成果评价意见进行归纳总结。通过组内和组间互相考核，促使学生按规范认真完成工作任务，也使评价者在互评中完成知识学习和素质养成，小组评价总分占学习评价的 10%。

组内工作过程考核互评表见附表 4。

组间展示互评表见附表 5。

三、教师评价

教师评价的目的是提供有效的诊断和反馈，强化和改进教学的实施，对学生的学习过程进行评价。首先，教师对展示的作品分别做评价：一是找出各组的优点进行点评。二是对展示过程中各组的缺点进行点评，提出改进方法。三是对整个任务完成中出现的亮点和不足进行点评。然后，教师在教学过程中，根据学生的具体行为表现，按教师评价指标进行评价，教师评价总分占学习评价的 50%。

教师评价表见附表 6。

四、总结提升

试结合自身任务完成情况，撰写本次任务的工作总结（包含影响产品质量的因素、工艺顺序安排的依据和重要性、企业制订工作生产计划的理由等）。

工作总结（心得体会）

____

____

____

____

____

____

____

____

____

____

____

任务拓展

端盖加工任务拓展

一、工作情境描述

某企业接到一批端盖零件（图 3-8）加工订单，材料为 2A12，毛坯尺寸为 92 mm×92 mm×22 mm，生产主管计划用数控铣床进行加工。要求设计对刀点及对刀方法，并完成零件加工。

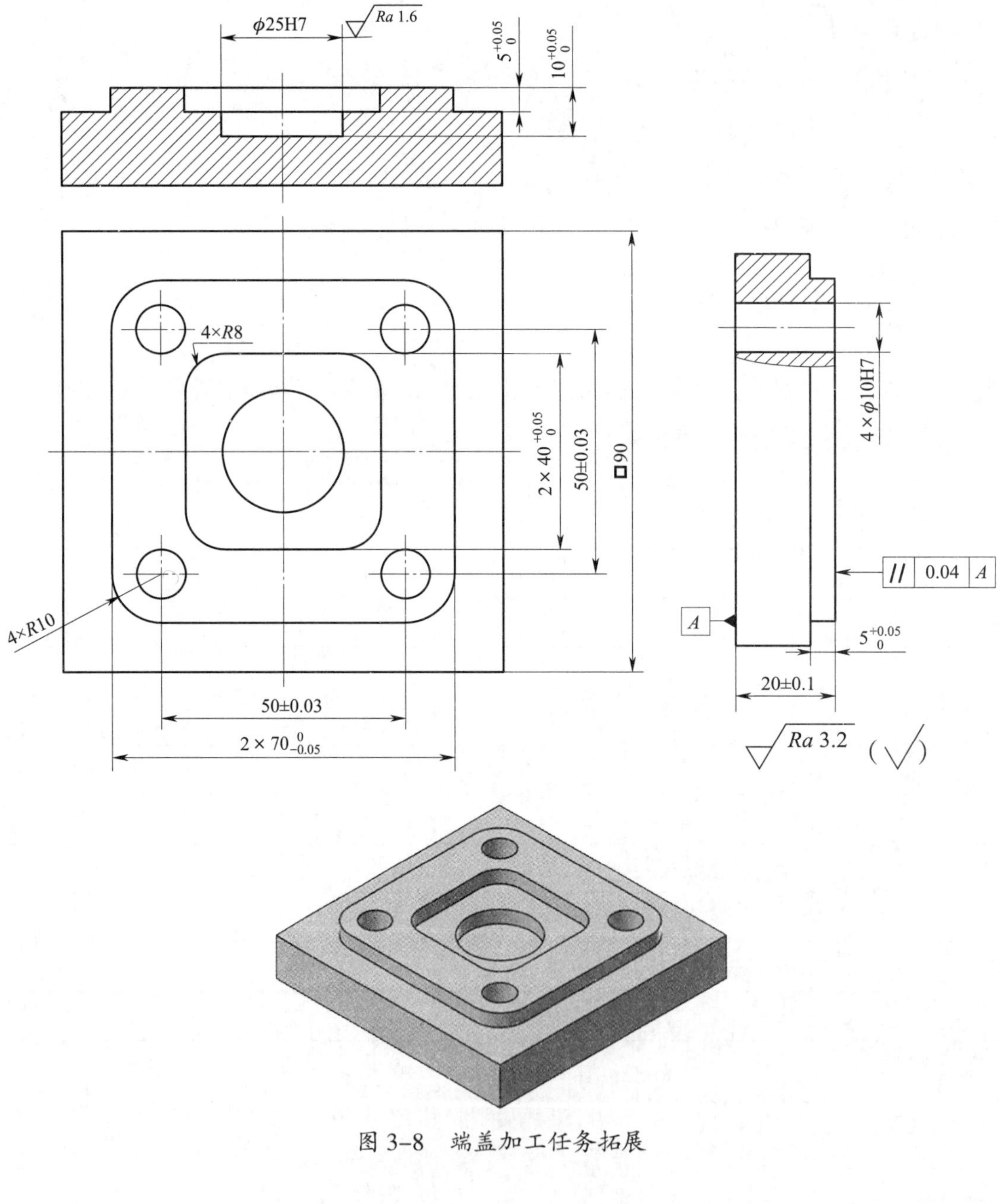

图 3-8　端盖加工任务拓展

二、检测零件，填写质量检验单

根据图样要求，自检零件，并将检测结果填入表 3–17 中。

表 3–17　　端盖加工任务拓展检测记录表

<table>
<tr><th>序号</th><th>名称</th><th>配分</th><th>项目与技术要求</th><th>评分标准</th><th>检测记录</th><th>得分</th></tr>
<tr><td>1</td><td rowspan="7">主要尺寸（62 分）</td><td>5×2</td><td>$70_{-0.05}^{0}$ mm（2 处）</td><td>超差不得分</td><td></td><td></td></tr>
<tr><td>2</td><td>5×2</td><td>$40_{0}^{+0.05}$ mm（2 处）</td><td>超差不得分</td><td></td><td></td></tr>
<tr><td>3</td><td>5×2</td><td>（50 ± 0.03）mm（2 处）</td><td>超差不得分</td><td></td><td></td></tr>
<tr><td>4</td><td>5</td><td>ϕ25H7</td><td>超差不得分</td><td></td><td></td></tr>
<tr><td>5</td><td>3×4</td><td>ϕ10H7（4 处）</td><td>超差不得分</td><td></td><td></td></tr>
<tr><td>6</td><td>5×2</td><td>$5_{0}^{+0.05}$ mm（2 处）</td><td>超差不得分</td><td></td><td></td></tr>
<tr><td>7</td><td>5</td><td>$10_{0}^{+0.05}$ mm</td><td>超差不得分</td><td></td><td></td></tr>
<tr><td>8</td><td rowspan="4">次要尺寸（15 分）</td><td>4</td><td>（20 ± 0.1）mm</td><td>超差不得分</td><td></td><td></td></tr>
<tr><td>9</td><td>1×4</td><td>R10 mm（4 处）</td><td>超差不得分</td><td></td><td></td></tr>
<tr><td>10</td><td>1×4</td><td>R8 mm（4 处）</td><td>超差不得分</td><td></td><td></td></tr>
<tr><td>11</td><td>3</td><td>平行度公差 0.04 mm</td><td>超差不得分</td><td></td><td></td></tr>
<tr><td>12</td><td rowspan="2">表面粗糙度（8 分）</td><td>4</td><td>$Ra \leqslant 1.6$ μm</td><td>降级不得分</td><td></td><td></td></tr>
<tr><td>13</td><td>4</td><td>$Ra \leqslant 3.2$ μm</td><td>降级不得分</td><td></td><td></td></tr>
<tr><td>14</td><td rowspan="3">主观评分（10 分）</td><td>3</td><td colspan="2">已加工零件去毛刺是否符合图样要求</td><td></td><td></td></tr>
<tr><td>15</td><td>4</td><td colspan="2">已加工零件是否有划伤、碰伤和夹伤</td><td></td><td></td></tr>
<tr><td>16</td><td>3</td><td colspan="2">已加工零件与图样要求的一致性以及其余表面粗糙度</td><td></td><td></td></tr>
<tr><td>17</td><td>更换毛坯（5 分）</td><td>5</td><td>是否更换毛坯</td><td>是 / 否</td><td></td><td></td></tr>
<tr><td>18</td><td rowspan="4">职业素养</td><td rowspan="4">扣分</td><td colspan="2">能正确穿戴工作服、工作鞋、安全帽等劳动防护用品。每违反一项，扣 2 分</td><td></td><td></td></tr>
<tr><td>19</td><td colspan="2">能按机床使用规范正确进行开关机、对刀等基本操作。每误操作一次，扣 2 分</td><td></td><td></td></tr>
<tr><td>20</td><td colspan="2">能规范使用及保养工具、量具和辅具。每违反操作一次，扣 2 分</td><td></td><td></td></tr>
<tr><td>21</td><td colspan="2">能做好设备清洁、保养工作。不清洁，不保养，扣 3 分；保养不彻底，扣 2 分</td><td></td><td></td></tr>
<tr><td colspan="3">总配分</td><td>100</td><td>总得分</td><td colspan="2"></td></tr>
</table>

世赛知识

世界技能大赛的特点

世界技能大赛每两年举办一届，是当今世界地位最高、规模最大、影响力最大的职业技能赛事，被誉为“世界技能奥林匹克”，代表了职业技能发展的世界先进水平，是世界技能组织成员展示和交流职业技能的重要平台。

世界技能大赛具有代表性、开放性和规范性三大特点。

一、代表性

1. 竞赛理念、技术标准、比赛规则、工作流程和组织方式代表了当今世界职业技能竞赛领域的较高水准。

2. 完整的竞赛项目设立和取消制度，确保能够体现全球职业范围内行业发展趋势和业界新动态。

3. 技术标准从企业生产和服务实践中进行归纳梳理，以保障标准和比赛试题能充分体现该职业所需的最新职业能力。

4. 对各国和地区的技能竞赛、技能人才培养体系建设具有引领示范作用。

二、开放性

1. 面向社会公众全面开放。

2. 竞赛期间举行技能体验、技术交流等活动，促进了技术技能的展示与传播。

3. 来自各国和地区的专家、教练、选手以及从事职业教育培训工作的相关人员在比赛期间能够进行相应的技术交流。

三、规范性

1. 世界技能大赛秉持“公平、公正、公开”的原则，在试题开发、评分标准、成绩确认等环节均有严格的规范性程序要求。

2. 注重规则意识、质量意识、安全意识和绿色环保意识。

学习任务四　模具推料板的数控铣加工

学习目标

1. 能了解数控车间及工作区的范围和限制，理解企业对环境、安全、卫生和事故预防的标准。

2. 能检查工作区、设备、工具、材料的状况和功能。

3. 能阅读生产任务单，明确工作任务，制订合理的工作计划。

4. 能正确识读模具推料板零件图。

5. 能借助机械手册，查阅零件的几何公差和切削用量等知识，理解机械手册在生产中的重要性。

6. 能正确分析数控加工工艺，选择合理的切削用量、刀具及装夹方式。

7. 能根据任务书、零件图加工要求，通过查阅数控加工工艺学，分析并制定模具推料板的数控加工工艺，正确、规范地填写模具推料板加工工艺卡。

8. 能了解加工材料的金属切削性能。

9. 能完成模具推料板数控加工程序的编制。

10. 能正确、规范地对模具推料板进行数控铣加工。

11. 能按车间现场“6S”管理规定和产品工艺流程的要求，正确放置工具、产品，正确、规范地保养机床，进行产品交接并规范填写交接班记录表。

12. 能根据零件图，合理选择工具、量具，确定检测方法，记录几何误差值。

13. 能对模具推料板进行正确的测量，评估与判断零件质量是否合格，并提出改进措施。

14. 能主动获取有效信息，展示工作成果，对学习与工作进行反思总结，优化方案和策略，具备知识迁移能力。

15. 能与班组长、工具管理员等相关人员进行有效的沟通与合作，理解有效沟通和团队合作的重要性。

16. 能在作业过程中严格执行企业操作规范、安全生产制度、环保管理制度以及“6S”管理规定，严格遵守从业人员的职业道德，树立吃苦耐劳、爱岗敬业的工作态度和职业责任感。

建议学时

60 学时。

工作情境描述

某企业接到一批模具推料板零件（图 4-1）加工订单，材料为 45 钢，生产主管计划用数控铣床进行加工。该零件为板状，加工内容主要为孔系加工，板上有螺纹孔、过孔、台阶孔、定位孔，定位孔的孔径和孔距精度为 IT8 级，其余尺寸精度为 IT11 级，表面粗糙度 *Ra* 值为 3.2 ~ 1.6 μm，板的上、下表面平行度公差为 0.02 mm。

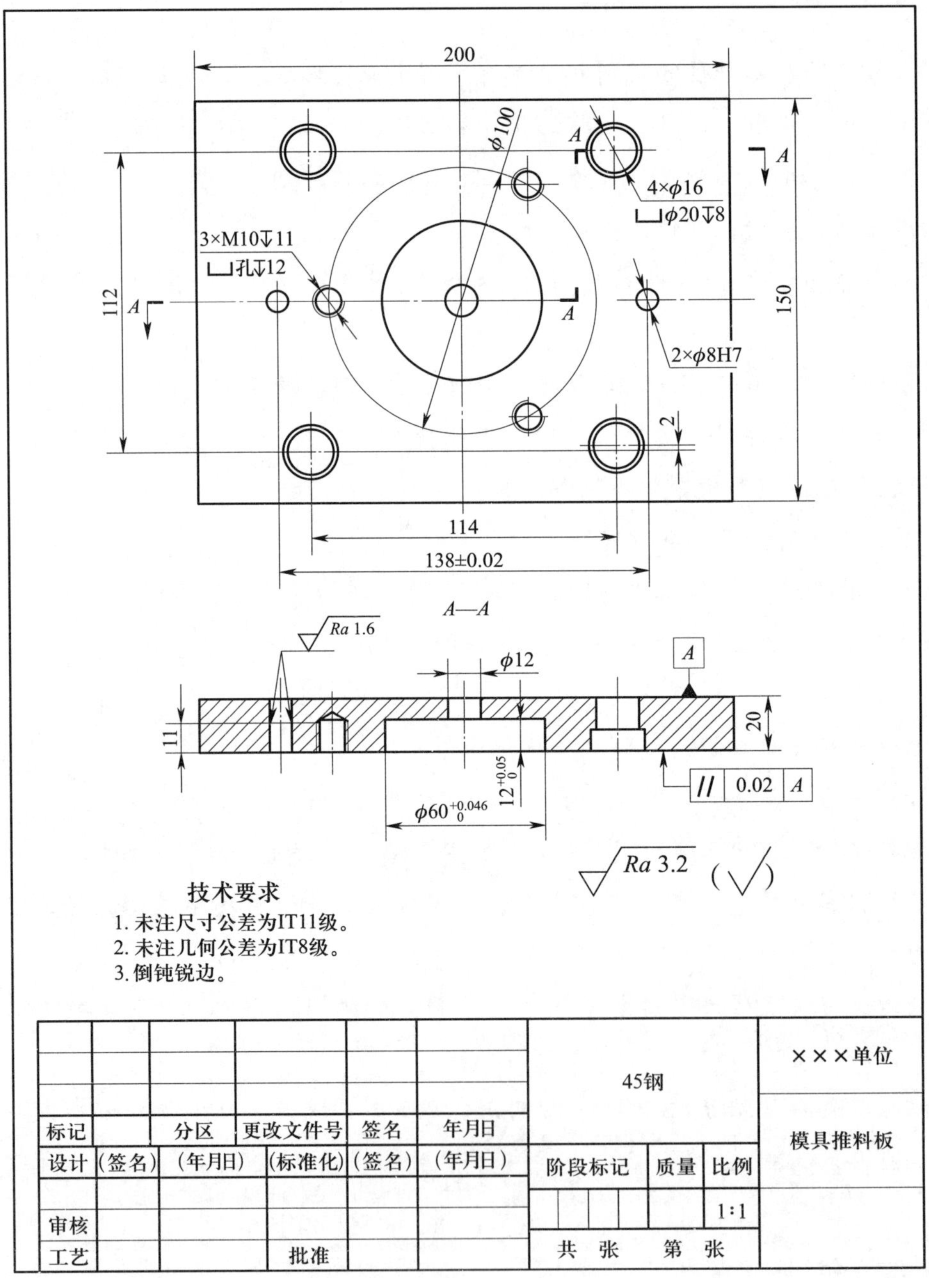

200
$\phi100$
A
4×$\phi16$
⌴$\phi20$↧8
3×M10↧11
⌴孔↧12
112
A
A
150
2×$\phi8$H7
2
114
138±0.02

A—A

Ra 1.6
$\phi12$
A
11
20
$12^{+0.05}_{0}$
$\phi60^{+0.046}_{0}$
// 0.02 A

Ra 3.2 （√）

技术要求

1. 未注尺寸公差为IT11级。
2. 未注几何公差为IT8级。
3. 倒钝锐边。

						45钢			×××单位
标记		分区	更改文件号	签名	年月日				模具推料板
设计	(签名)	(年月日)	(标准化)	(签名)	(年月日)	阶段标记	质量	比例	
								1:1	
审核									
工艺			批准			共　张	第　张		

图 4–1　模具推料板零件图

工作流程与活动

1．模具推料板加工工艺分析与编程（12 学时）

2．模具推料板的加工（40 学时）

3．模具推料板的检验与质量分析（4 学时）

4．工作总结与评价（4 学时）

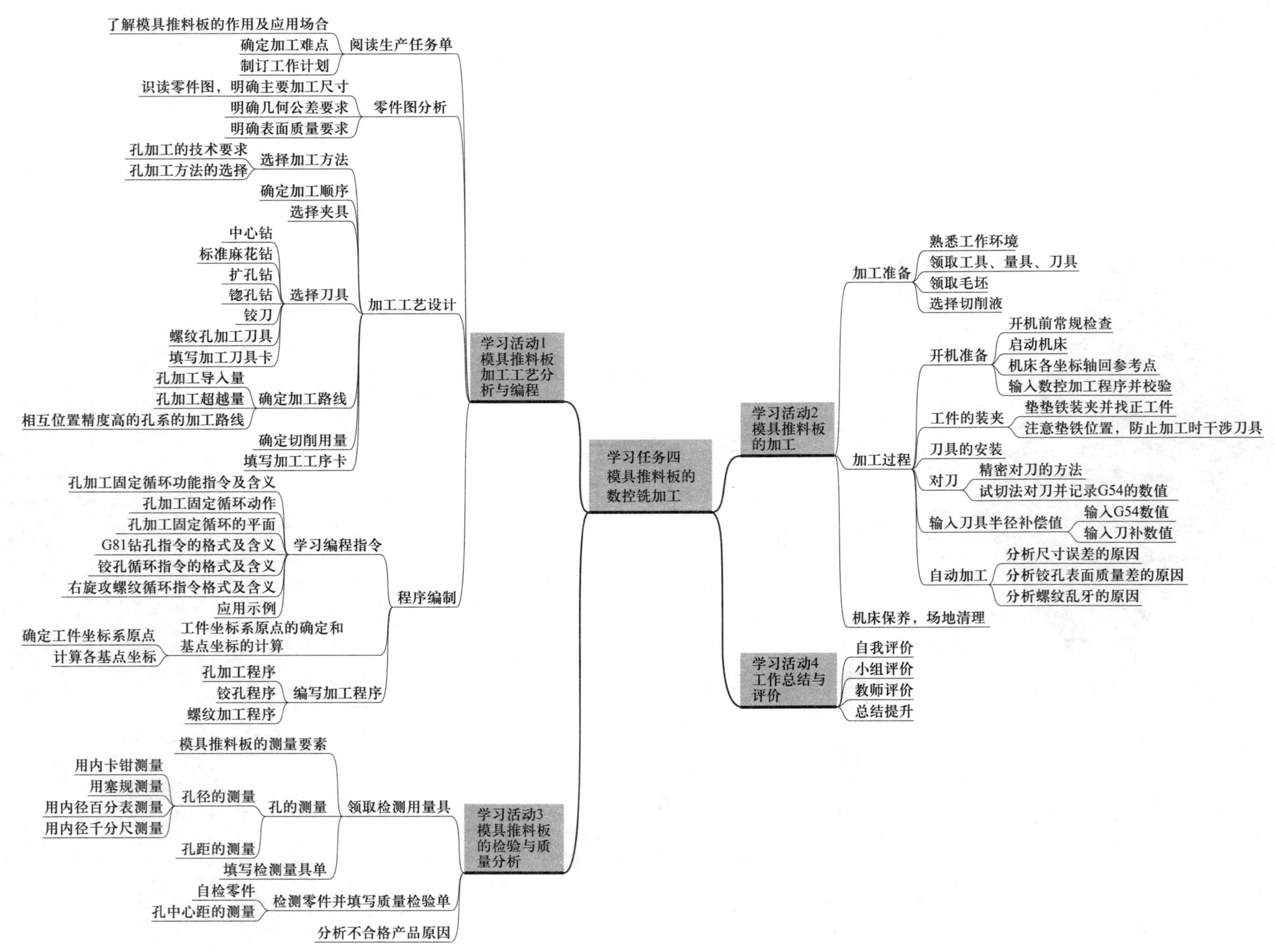
学习任务四 模具推料板的数控铣加工
学习活动1 模具推料板加工工艺分析与编程
阅读生产任务单
了解模具推料板的作用及应用场合
确定加工难点
制订工作计划
零件图分析
识读零件图，明确主要加工尺寸
明确几何公差要求
明确表面质量要求
加工工艺设计
选择加工方法
孔加工的技术要求
孔加工方法的选择
确定加工顺序
选择夹具
选择刀具
中心钻
标准麻花钻
扩孔钻
锪孔钻
铰刀
螺纹孔加工刀具
填写加工刀具卡
确定加工路线
孔加工导入量
孔加工超越量
相互位置精度高的孔系的加工路线
确定切削用量
填写加工工序卡
程序编制
学习编程指令
孔加工固定循环功能指令及含义
孔加工固定循环动作
孔加工固定循环的平面
G81钻孔指令的格式及含义
铰孔循环指令的格式及含义
右旋攻螺纹循环指令格式及含义
应用示例
工件坐标系原点的确定和基点坐标的计算
确定工件坐标系原点
计算各基点坐标
编写加工程序
孔加工程序
铰孔程序
螺纹加工程序
学习活动2 模具推料板的加工
加工准备
熟悉工作环境
领取工具、量具、刃具
领取毛坯
选择切削液
加工过程
开机准备
开机前常规检查
启动机床
机床各坐标轴回参考点
输入数控加工程序并校验
工件的装夹
垫垫铁装夹并找正工件
注意垫铁位置，防止加工时干涉刀具
刀具的安装
对刀
精密对刀的方法
试切法对刀并记录G54的数值
输入刀具半径补偿值
输入G54数值
输入刀补数值
自动加工
分析尺寸误差的原因
分析铰孔表面质量差的原因
分析螺纹乱牙的原因
机床保养，场地清理
学习活动3 模具推料板的检验与质量分析
领取检测用量具
模具推料板的测量要素
孔的测量
孔径的测量
用内卡钳测量
用塞规测量
用内径百分表测量
用内径千分尺测量
孔距的测量
填写检测量具单
检测零件并填写质量检验单
自检零件
孔中心距的测量
分析不合格产品原因
学习活动4 工作总结与评价
自我评价
小组评价
教师评价
总结提升

学习活动1 模具推料板加工工艺分析与编程

学习目标

1. 能阅读生产任务单，明确工作任务，制订合理的工作计划。

2. 能正确识读模具推料板零件图。

3. 能借助机械手册，查阅零件的几何公差和切削用量等知识，理解机械手册在生产中的重要性。

4. 能查阅数控加工工艺学，分析模具推料板的数控加工工艺。

5. 能合理制定模具推料板的数控加工工序，并填写数控加工工序卡。

6. 能完成模具推料板数控加工程序的编制。

7. 能掌握铣刀的结构、用途，正确选择加工用铣刀。

8. 能根据数控加工工艺、零件材料等要求，查阅机械手册和刀具手册，合理选择刀具、刀具几何参数和切削用量，理解刀具的选择在产品加工中的重要性。

建议学时：12学时。

学习过程

一、阅读生产任务单（表 4–1）

表 4–1　　生产任务单

需方单位名称				完成日期	年　月　日	
序号	产品名称	材料	数量	技术标准、质量要求		
1	模具推料板	45 钢		按图样要求		
2						
3						
4						
生产批准时间		年　月　日	批准人			
通知任务时间		年　月　日	发单人			
接单时间		年　月　日	接单人		生产班组	数控加工组

1．查阅相关资料，了解模具推料板的作用及应用场合，简述本任务的加工难点。

2．本生产任务工期为 10 天，请根据任务要求，制订合理的工作计划，并根据小组成员的特点进行分工，填写在表 4–2 工作计划表中。

表 4–2　　工作计划表

序号	工作内容	时间	成员	负责人
1	工艺分析			
2	编制程序			
3	数控铣加工			
4	成品检验与质量分析			

二、零件图分析

图 4–1 所示为模具推料板零件图，试按要求完成下列任务。

1．分析零件图，在表 4–3 中填写模具推料板的主要加工尺寸、几何公差要求及表面质量要求，并进行相应的尺寸公差计算，为数控加工工艺的制定做准备。

表 4-3　零件图分析

序号	项目	内容	偏差范围（数值）
1	主要加工尺寸		
2			
3			
4			
5	几何公差要求		
6	表面质量要求		

2．查阅机械手册或咨询班组长等专业技术人员，简述 H7 的含义以及 H 和 7 分别代表的含义。

3．查阅机械手册或咨询班组长等专业技术人员，ϕ8H7 孔的上极限偏差、下极限偏差和公差分别是多少？ϕ8H7 的另一种表示方法是什么？

三、加工工艺设计

1．选择加工方法

（1）查阅相关资料，孔加工的技术要求主要有哪些？

（2）孔加工方法的选择

1）选择原则。孔加工方法的选择原则是保证加工表面的精度和表面粗糙度要求。由于获得同一级精度及表面粗糙度的加工方法有多种，因此，在实际选择时，要结合零件的形状、尺寸、批量、毛坯材料及毛坯热处理等情况合理选用。此外，还应考虑生产效率和经济性的要求以及企业的生产设备等实际情况。常用加工方法的经济精度及表面粗糙度可查阅相关工艺手册。

2）孔的推荐加工方法。在数控铣床上，常用于加工孔的方法有钻孔、扩孔、铰孔、粗镗孔、精镗孔及攻螺纹等。通常情况下，在数控铣床上能较方便地加工出 IT9 ~ IT7 级精度的孔，对于这些孔的推荐加工方法见表 4–4。

表 4–4 孔的推荐加工方法

<table>
<tr><th rowspan="2">孔的精度</th><th rowspan="2">有无预孔</th><th colspan="5">孔尺寸 /mm</th></tr>
<tr><th>0 ~ 12</th><th>12 ~ 20</th><th>20 ~ 30</th><th>30 ~ 60</th><th>60 ~ 80</th></tr>
<tr><td rowspan="2">IT11 ~ IT9</td><td>无</td><td>钻→铰</td><td colspan="2">钻→扩</td><td colspan="2">钻→扩→镗（或铰）</td></tr>
<tr><td>有</td><td colspan="5">粗扩→精扩；粗镗→精镗（余量少可一次性扩孔或镗孔）</td></tr>
<tr><td rowspan="2">IT8</td><td>无</td><td>钻→扩→铰</td><td colspan="2">钻→扩→精镗（或铰）</td><td colspan="2">钻→扩→粗镗→精镗</td></tr>
<tr><td>有</td><td colspan="5">粗镗→半精镗→精镗（或精铰）</td></tr>
<tr><td rowspan="2">IT7</td><td>无</td><td>钻→粗铰→精铰</td><td colspan="4">钻→扩→粗铰→精铰；钻→扩→粗镗→半精镗→精镗</td></tr>
<tr><td>有</td><td colspan="5">粗镗→半精镗→精镗（如仍达不到精度要求，还可进一步采用精细镗）</td></tr>
</table>

关于表 4–4 的说明如下：

①加工直径小于 30 mm 且没有预孔的毛坯孔时，为了保证钻孔的定位精度，可选择在钻孔前先将孔口端面铣平或采用钻中心孔的加工方法。

②对于表中的扩孔及粗镗孔加工，可采用立铣刀铣孔的加工方法。

③加工螺纹孔时，先加工出螺纹底孔，对于 M6 以下的螺纹，通常不在加工中心上加工；对于 M6 ~ M20 的螺纹，通常采用攻螺纹的加工方法；对于 M20 以上的螺纹，可采用螺纹镗刀镗削加工。

通过阅读以上材料或查阅相关资料，结合模具推料板零件的表面质量及尺寸要求，选择孔的加工方法。

2．确定加工顺序

结合图 4–1 所示模具推料板零件的加工要求和结构特点，制定本任务的加工顺序。

3．选择夹具

查阅相关资料，结合本任务零件的结构特点选择夹紧方案及夹具。

4．选择刀具

数控铣床及加工中心常用钻头（图 4–2）有中心钻、标准麻花钻、扩孔钻和锪孔钻等。麻花钻由工作部分和柄部两部分组成。工作部分包括切削部分和导向部分，而柄部有莫氏锥柄和圆柱柄两种。刀具材料常使用高速钢和硬质合金。

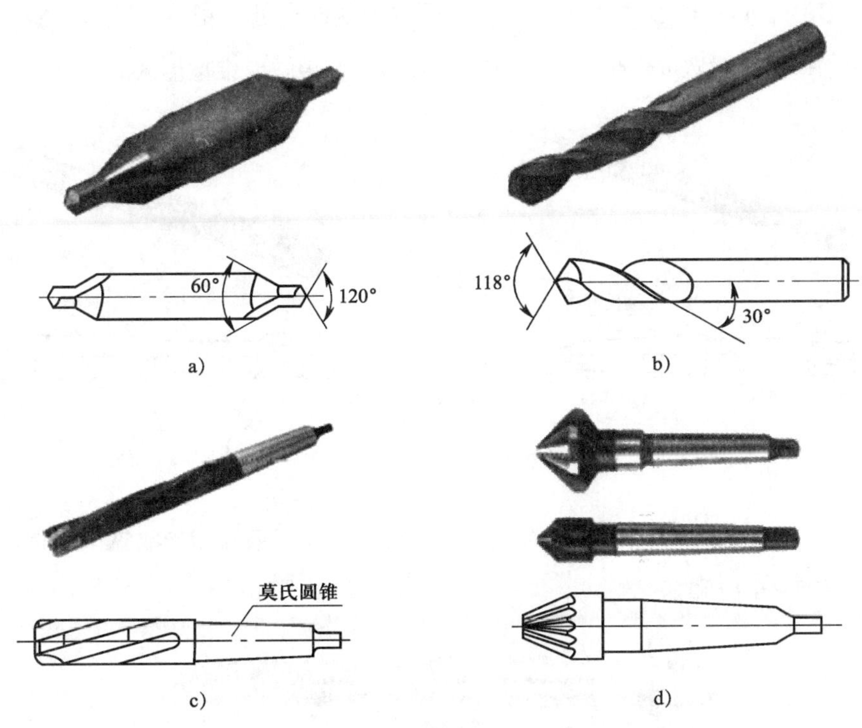

图 4–2　数控铣床及加工中心常用钻头

a）中心钻　b）标准麻花钻　c）扩孔钻　d）锪孔钻

（1）中心钻

中心钻（图 4–2a）主要用于孔的定位，由于切削部分的直径较小，因此，用中心钻钻孔时应选取较高的转速。

（2）标准麻花钻

标准麻花钻（图 4–2b）的切削部分由两条主切削刃、两条副切削刃、一个横刃和两条螺旋槽组成。在加工中心上钻孔时，因无钻模导向，受两主切削刃上切削力不对称的影响，容易将孔钻偏，故要求钻头的两主切削刃必须有较高的刃磨精度（两刃长度一致，顶角对称于钻头中心线，或先用中心钻定中心，再用钻头钻孔）。

（3）扩孔钻

标准扩孔钻（图 4–2c）一般有 3 ～ 4 条主切削刃，切削部分的材料为高速钢或硬质合金，结构形式有直柄式、锥柄式和套式等。在小批量生产时，常用麻花钻改制或直接用标准麻花钻代替。

（4）锪孔钻

锪孔钻（图 4–2d）主要用于加工锥形沉孔或平底沉孔。锪孔的主要问题是所锪端面或锥面产生振痕。

因此，在锪孔过程中要特别注意刀具参数和切削用量的正确选用。

（5）铰刀

数控铣床及加工中心采用的铰刀有通用标准铰刀、机夹硬质合金刀片单刃铰刀和浮动铰刀等。铰孔的加工精度可达 IT9 ~ IT6 级，表面粗糙度 Ra 值为 1.6 ~ 0.8 μm。

标准铰刀（图 4–3）有 4 ~ 12 齿，由工作部分、颈部和柄部三部分组成。整体式铰刀的柄部有直柄和锥柄之分，直径较小的铰刀一般做成直柄形式，直径较大的铰刀常做成锥柄形式。

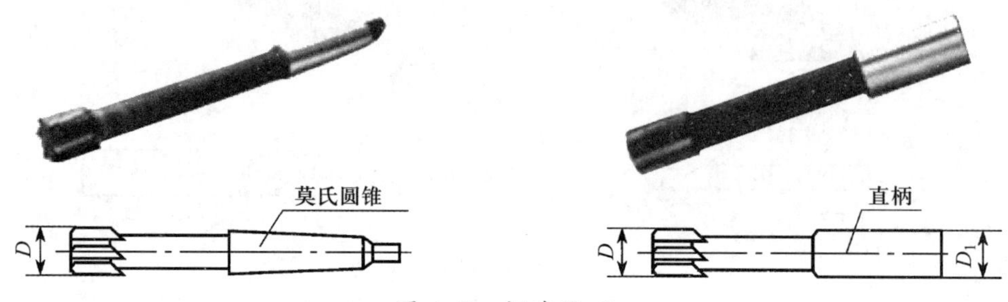

图 4–3　标准铰刀

（6）螺纹孔加工刀具

数控铣床及加工中心大多采用攻螺纹的方法加工内螺纹。此外，还采用螺纹铣削刀具加工螺纹孔。

丝锥（图 4–4）由工作部分和柄部组成。工作部分包括切削部分和校准部分。

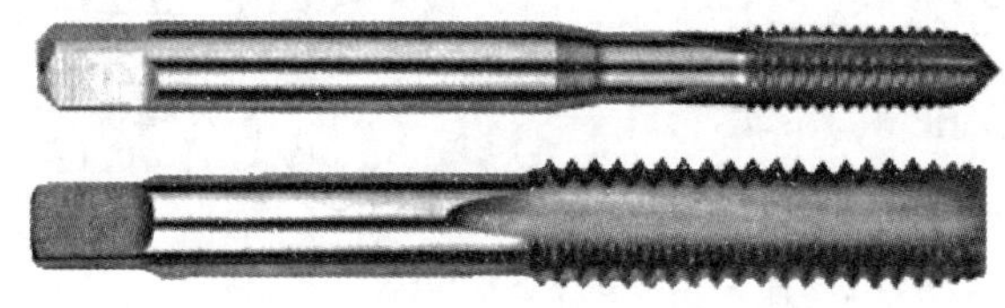

图 4–4　丝锥

通过阅读以上材料，根据模具推料板零件的加工内容进行刀具的选择，完成表 4–5 所列模具推料板零件加工刀具卡的填写。

表 4–5　模具推料板零件加工刀具卡

产品名称或代号		零件名称		零件图号	
刀具号	刀具名称	数量	加工内容	刀具规格	

5．确定加工路线

（1）孔加工导入量

图 4–5 所示孔加工导入量 ΔZ 是指在孔加工过程中，刀具自快进转为工进时，刀尖点位置与孔上表面之间的距离。

孔加工导入量的具体值由工件表面的尺寸变化量确定，一般情况下取 2 ~ 10 mm。当孔上表面为已加工表面时，导入量取较小值（2 ~ 5 mm）。

（2）孔加工超越量

加工不通孔时，图 4–5 所示孔加工超越量 $\Delta Z'$ 大于等于钻尖高度 $Z_p=\dfrac{D}{2}\cos\alpha\approx0.3D$；

镗通孔时，刀具超越量取 1 ~ 3 mm；

铰通孔时，刀具超越量取 3 ~ 5 mm；

钻通孔时，刀具超越量等于 Z_p+（1 ~ 3）mm。

（3）相互位置精度高的孔系的加工路线

加工位置精度要求较高的孔系时，要特别注意孔的加工顺序的安排，避免将坐标轴的反向间隙带入，影响位置精度。

加工如图 4–6 所示的孔系，若按 *A*—1—2—3—4—5—6—*P* 安排走刀路线，在加工 5、6 孔时，*X* 方向的反向间隙会使定位误差增大，从而影响 5、6 孔与其他孔的位置精度。而采用 *A*—1—2—3—*P*—6—5—4 的走刀路线时，可避免反向间隙的引入，提高 5、6 孔与其他孔的位置精度。

阅读以上材料，设计孔的加工路线，并绘制加工路线图。

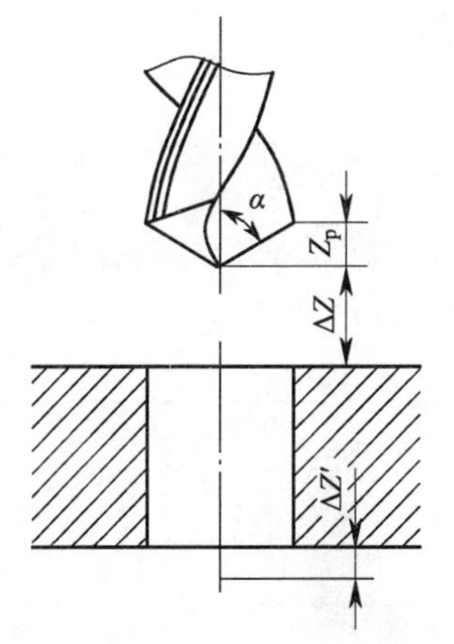

图 4–5　孔加工导入量与超越量

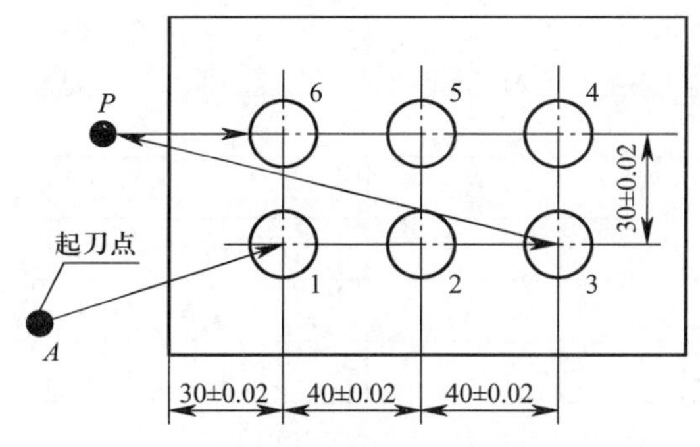

图 4–6　孔系加工路线

6．确定切削用量

加工孔时，确定合理的切削用量同样不可忽视，具体数值可根据机床说明书、切削用量手册，并结合经验而定，常用碳素钢材料切削用量的推荐值可参考表 4–6。

表 4–6　常用碳素钢材料切削用量的推荐值

刀具名称	刀具材料	切削速度 /（m/min）	进给量 /（mm/r）	背吃刀量 /mm
中心钻	高速钢	20 ~ 40	0.05 ~ 0.10	0.5D
标准麻花钻	高速钢	20 ~ 40	0.15 ~ 0.25	0.5D
	硬质合金	40 ~ 60	0.05 ~ 0.20	0.5D
扩孔钻	硬质合金	45 ~ 90	0.05 ~ 0.40	≤ 2.5
机用铰刀	高速钢	3 ~ 10	0.2 ~ 1	0.10 ~ 0.30
机用丝锥	硬质合金	6 ~ 12	P	0.5P

注：D 为刀具半径，P 为螺距。

根据选择的刀具及刀具材料，查阅刀具切削参数表，计算切削参数（转速 $n=\dfrac{1\,000\,v_c}{\pi D}$，进给量 $F=f_z zn$），并将相应的数值填入表 4–7 中。

7．填写加工工序卡

小组讨论（或独立）完成模具推料板零件数控加工工序卡（表 4–7）的填写。

表 4–7　模具推料板零件数控加工工序卡

<table>
<tr><td colspan="2">单位名称</td><td colspan="2">产品名称或代号</td><td colspan="2">零件名称</td><td colspan="2">零件图号</td></tr>
<tr><td colspan="2"></td><td colspan="2"></td><td colspan="2"></td><td colspan="2"></td></tr>
<tr><td>工序号</td><td>程序编号</td><td colspan="2">夹具名称</td><td colspan="2">使用设备</td><td colspan="2">车间</td></tr>
<tr><td></td><td></td><td colspan="2"></td><td colspan="2"></td><td colspan="2"></td></tr>
<tr><td>工步号</td><td>工步内容</td><td>刀具号</td><td>刀具规格 /mm</td><td>主轴转速 /（r/min）</td><td>进给速度 /（mm/min）</td><td colspan="2">铣削层深度 /mm</td></tr>
<tr><td></td><td></td><td></td><td></td><td></td><td></td><td colspan="2"></td></tr>
<tr><td></td><td></td><td></td><td></td><td></td><td></td><td colspan="2"></td></tr>
<tr><td></td><td></td><td></td><td></td><td></td><td></td><td colspan="2"></td></tr>
<tr><td></td><td></td><td></td><td></td><td></td><td></td><td colspan="2"></td></tr>
<tr><td></td><td></td><td></td><td></td><td></td><td></td><td colspan="2"></td></tr>
<tr><td></td><td></td><td></td><td></td><td></td><td></td><td colspan="2"></td></tr>
<tr><td>编制</td><td>审核</td><td>批准</td><td></td><td colspan="2">年　月　日</td><td>共　页</td><td>第　页</td></tr>
</table>

四、程序编制

1．学习编程指令

（1）FANUC 0i 系统数控铣床 / 加工中心配备的固定循环功能主要用于孔加工，包括钻孔、镗孔、攻螺纹等。表 4–8 列出了 FANUC 0i 系统常用孔加工固定循环功能指令，试将各指令的动作及其用途填写完整。

表 4-8 FANUC 0i 系统常用孔加工固定循环功能指令

G 代码	加工动作（-Z 方向）	孔底部动作	退刀动作（+Z 方向）	用途
G73				
G74				
G76				
G80				
G81				
G82				
G83				
G84				
G85				
G86				
G87				
G88				
G89				

（2）写出孔加工循环的通用编程格式，并解释各参数的含义。

（3）孔加工固定循环通常由六个动作组成，如图 4-7 所示，简述各动作的内容。

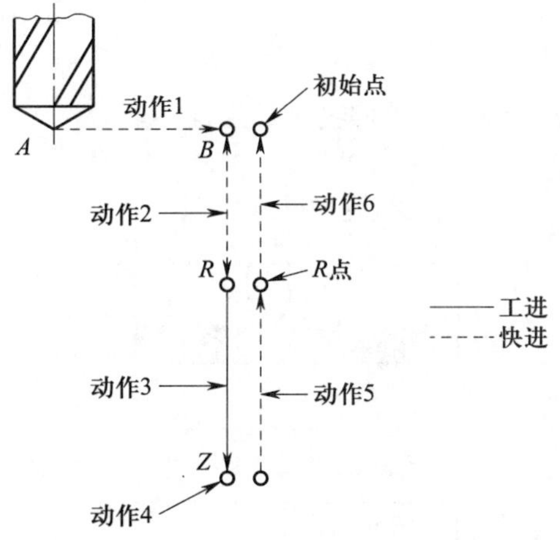

图 4-7 孔加工固定循环的动作

（4）在图 4–8 中标出初始平面、*R* 平面和孔底平面。

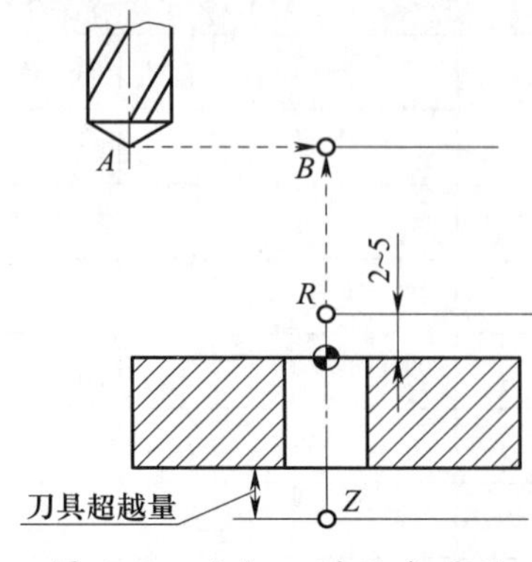

图 4–8　孔加工的几个平面

（5）查阅相关资料，写出 G81 指令的格式及各代码的含义。

（6）查阅相关资料，写出铰孔循环指令的格式及各代码的含义。

（7）查阅相关资料，写出右旋攻螺纹循环指令的格式及各代码的含义。

（8）应用示例如下：

1）试用 G81 指令编写如图 4–9 所示孔的数控铣削加工程序。

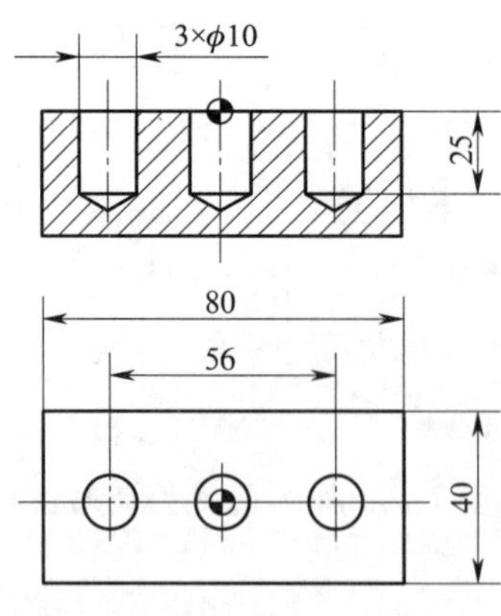

图 4–9　G81 指令编程示例

…

G90　G00　Z________；

G99　G81　X________　Y________　Z________　R________　F________；

　　　　　X________；

G98 X________；

G80；

…

2）试用 G85 指令编写如图 4-10 所示孔的数控铣削加工程序。

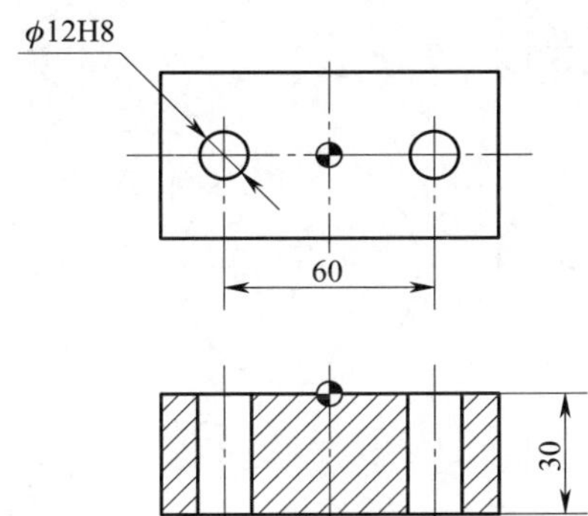

图 4-10　G85 指令编程示例

…

G90　G00　Z________；

G99　G85　X________　Y________　Z________　R________　F________；

　　　　　X________；

G80；

…

3）试用攻螺纹循环指令编写如图 4-11 所示两螺纹孔的加工程序。

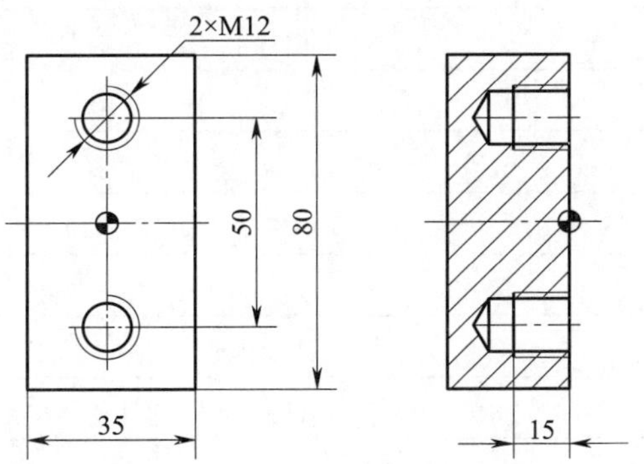

图 4-11　攻螺纹编程示例

…

G99 G84 X________ Y________ Z________ R________ F________；

X________；

G80 G94；

…

2．计算基点坐标

（1）确定工件坐标系原点。如图 4–12 所示，绘制零件的工件坐标系原点。

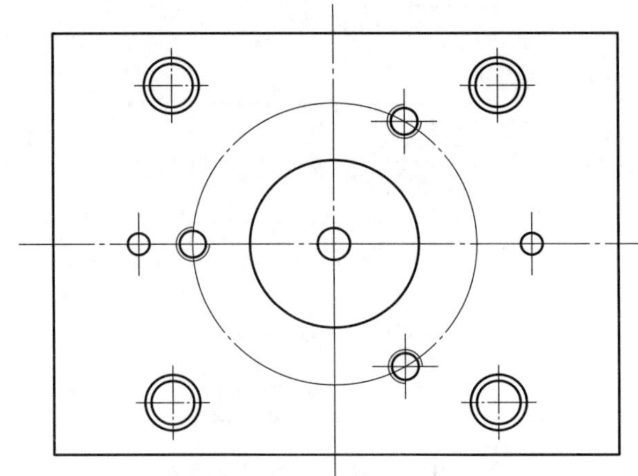

图 4–12 绘制零件的工件坐标系原点

（2）根据零件图及孔的加工路线图，计算各基点的坐标值。

3．编写加工程序

（1）编写孔加工（钻中心孔）程序，并填写在表 4–9 中。

表 4–9 孔加工（钻中心孔）程序

程序	注释

续表

程序	注释

（2）编写孔加工（钻 ϕ16 mm 孔）程序，并填写在表 4–10 中。

表 4–10　　孔加工（钻 ϕ16 mm 孔）程序

程序	注释

（3）编写孔加工（锪 ϕ20 mm 孔）程序，并填写在表 4–11 中。

表 4–11　　孔加工（锪 ϕ20 mm 孔）程序

程序	注释

（4）编写孔加工（钻 ϕ8 mm 孔）程序，并填写在表 4–12 中。

表 4–12　　孔加工（钻 ϕ8 mm 孔）程序

程序	注释

（5）编写孔加工（铰 ϕ8 mm 孔）程序，并填写在表 4–13 中。

表 4–13　　孔加工（铰 ϕ8 mm 孔）程序

程序	注释

（6）编写螺纹加工程序，并填写在表 4–14 中。

表 4–14　　螺纹加工程序

程序	注释

续表

程序	注释

（7）编写孔加工（钻 ϕ12 mm 孔）程序，并填写在表 4–15 中。

表 4–15　　孔加工（钻 ϕ12 mm 孔）程序

程序	注释

（8）编写 ϕ60 mm 孔加工程序，并填写在表 4–16 中。

表 4–16　　ϕ60 mm 孔加工程序

程序	注释

学习活动 2　模具推料板的加工

学习目标

1. 能了解数控车间与工作区的范围和限制，理解企业对环境、安全、卫生和事故预防的标准。

2. 能检查工作区、设备、工具、材料的状况和功能。

3. 能根据现场条件，查阅相关资料，选用符合加工技术要求的工具、量具、刀具。

4. 能熟练装夹工件，并对其进行找正。

5. 能掌握切削液的种类和使用场合，正确选择本次学习活动中要用的切削液。

6. 能正确、规范地装夹刀具，并正确对刀。

7. 能正确输入零件的加工程序，应用数控铣床的模拟检验功能检查程序编写中的错误，并对程序进行优化。

8. 能严格根据车间管理规定，正确、规范地操作机床。

9. 能独立解决加工中出现的程序报警及机床简单故障问题。

10. 能按车间现场“6S”管理规定和产品工艺流程的要求，正确放置工具、产品，正确、规范地保养机床，进行产品交接并规范填写交接班记录表。

建议学时：40 学时。

学习过程

一、加工准备

1．熟悉工作环境

了解数控车间与工作区的范围和限制，理解企业对环境、安全、卫生和事故预防的标准。

2．领取工具、量具、刀具

领取工具、量具、刀具，并填写表 4–17。

表 4–17　　工具、量具、刀具清单

序号	名称	规格	数量	备注
1				
2				
3				
4				
5				
6				
7				
8				
9				
10				

3．领取毛坯

领取毛坯，测量并记录所领毛坯的实际外形尺寸，判断毛坯是否有足够的加工余量。

4．选择切削液

根据加工对象及所用刀具，选择本次学习活动要用的切削液。

二、加工过程

1．开机准备

（1）做好开机前的各项常规检查工作。

（2）规范启动机床。

（3）机床各坐标轴回参考点。

（4）输入数控加工程序并校验。

2．工件的装夹

装夹时需要在机用虎钳下方垫上垫铁，并用百分表找正工件，以保证工件的平行度要求。加工孔时应注意垫铁位置，防止钻到垫铁。

3．刀具的安装

正确安装立铣刀、中心钻、麻花钻、扩孔钻、铰刀、丝锥等刀具。

4．对刀

（1）加工通孔时 Z 向是否需要精密对刀？为什么？

（2）操作过程中，每换一次刀都要进行一次对刀和设定工件坐标系。通常情况下，XY 平面内的工件坐标系不变，只需对刀并设定 Z 轴方向的坐标系即可。通过试切法进行对刀操作，并记录 G54 数值。

G54	X
	Y
	Z

5．输入刀具半径补偿值

6．自动加工

（1）加工过程中注意观察刀具切削情况，记录加工中不合理的地方并及时纠正，提高工作效率。实际加工中，切削速度可以根据加工实际情况通过倍率开关进行调整。若孔大于规定尺寸，试分析产生误差的原因。

（2）分析铰孔后孔呈多边形且表面质量差的原因。

（3）分析攻螺纹后出现乱牙、滑牙、尺寸不正确或螺纹不完整情况的原因。

（4）攻螺纹时，进给倍率旋钮是否有效？为什么？

三、机床保养，场地清理

加工完毕，按照车间规定整理现场，清扫切屑，保养机床，并正确处置废油液等废弃物；按车间规定填写交接班记录（附表 1）和设备日常保养记录卡（附表 2）。

学习活动 3　模具推料板的检验与质量分析

学习目标

1. 能正确选择合理的检验工具和量具。

2. 能根据测量结果，分析产生误差的原因，优化加工策略。

3. 能正确对量具进行合理保养和维护。

4. 能按检验室管理要求，正确放置检验用工具、量具。

建议学时：4 学时。

学习过程

一、领取检测用量具

1．模具推料板零件需要测量哪些要素?

2．孔的测量

（1）孔径的测量

孔径尺寸精度要求较低时，可采用钢直尺、内卡钳或游标卡尺等进行测量；孔径尺寸精度要求较高时，可采用塞规、内径百分表、内径千分尺等进行测量。常用的测量方法如下。

1）用内卡钳测量。当孔口试切削或位置狭小时，使用内卡钳测量方便、灵活。如图 4–13 所示的内卡钳采用量表或数显方式显示测量数据，这种内卡钳可以测量 IT8 ～ IT7 级精度的内孔。

2）用塞规测量。塞规（图 4–14）是一种专用量具，一端为通端，另一端为止端。使用塞规检测孔径时，通端能进入孔内，而止端不能进入孔内，说明孔径合格；否则为不合格孔径。

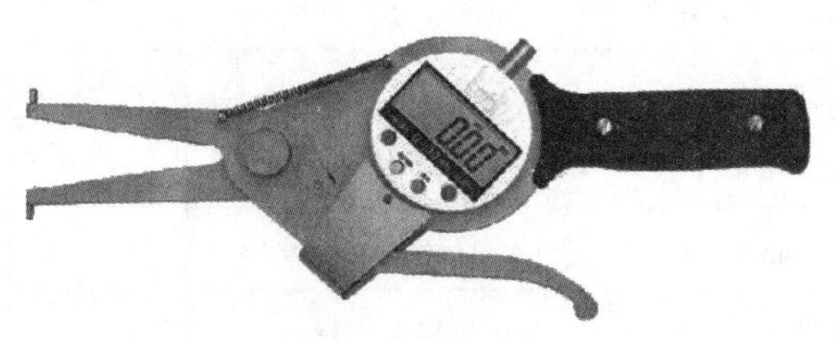

图 4–13　数显内卡钳

图 4–14　塞规

3）用内径百分表测量。内径百分表（图 4–15）测量内孔时，左端测头在孔内摆动，读出直径方向的最大尺寸即为内孔尺寸。内径百分表适用于深度较大的内孔的测量。

4）用内径千分尺测量。内径千分尺（图 4–16）的测量方法与外径千分尺的测量方法相同，但其刻线方向与外径千分尺相反，其测量时的旋转方向也相反。内径千分尺不适用于深度较大的孔的测量。

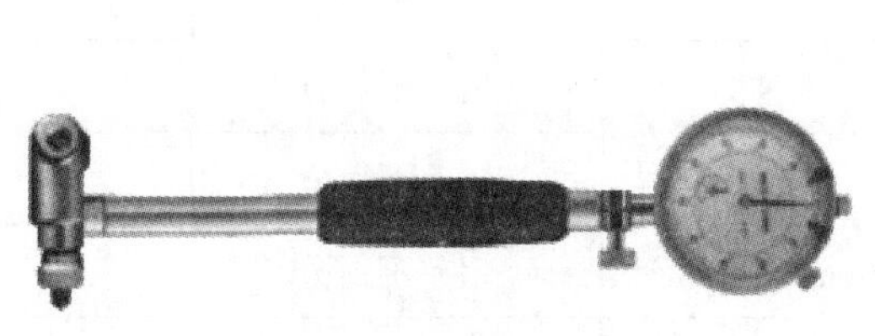

图 4–15　内径百分表

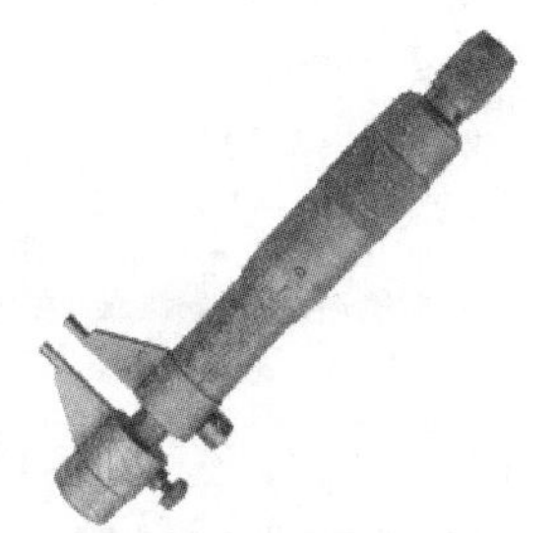

图 4–16　内径千分尺

（2）孔距的测量

测量孔距通常使用游标卡尺。精度较高的孔距也可采用内径千分尺和外径千分尺配合圆柱测量心棒进行测量。

阅读以上材料，根据测量要素，列出零件在检测过程中要用到的量具，并填入表 4–18 中。

表 4–18　　检测量具

序号	量具名称	量具规格（精度）	检测内容

二、检测零件，填写质量检验单

1．根据图样要求，自检零件，并将检测结果填入表 4–19 中。

表 4–19　　模具推料板检测记录表

<table>
<tr><th>序号</th><th>名称</th><th>配分</th><th>项目与技术要求</th><th>评分标准</th><th>检测记录</th><th>得分</th></tr>
<tr><td>1</td><td rowspan="5">主要尺寸（40 分）</td><td>5</td><td>（138 ± 0.02）mm</td><td>超差不得分</td><td></td><td></td></tr>
<tr><td>2</td><td>5</td><td>$\phi 60^{+0.046}_{0}$ mm</td><td>超差不得分</td><td></td><td></td></tr>
<tr><td>3</td><td>5 × 3</td><td>M10（3 处）</td><td>超差不得分</td><td></td><td></td></tr>
<tr><td>4</td><td>5 × 2</td><td>ϕ8H7（2 处）</td><td>超差不得分</td><td></td><td></td></tr>
<tr><td>5</td><td>5</td><td>$12^{+0.05}_{0}$ mm</td><td>超差不得分</td><td></td><td></td></tr>
<tr><td>6</td><td rowspan="8">次要尺寸（33 分）</td><td>4</td><td>ϕ12 mm</td><td>超差不得分</td><td></td><td></td></tr>
<tr><td>7</td><td>1 × 4</td><td>ϕ16 mm（4 处）</td><td>超差不得分</td><td></td><td></td></tr>
<tr><td>8</td><td>1 × 4</td><td>ϕ20 mm（4 处）</td><td>超差不得分</td><td></td><td></td></tr>
<tr><td>9</td><td>4</td><td>114 mm</td><td>超差不得分</td><td></td><td></td></tr>
<tr><td>10</td><td>4</td><td>112 mm</td><td>超差不得分</td><td></td><td></td></tr>
<tr><td>11</td><td>4</td><td>2 mm</td><td>超差不得分</td><td></td><td></td></tr>
<tr><td>12</td><td>4</td><td>11 mm</td><td>超差不得分</td><td></td><td></td></tr>
<tr><td>13</td><td>5</td><td>平行度公差 0.02 mm</td><td>超差不得分</td><td></td><td></td></tr>
<tr><td>14</td><td rowspan="2">表面粗糙度（12 分）</td><td>6</td><td>$Ra \leqslant 1.6\ \mu m$</td><td>降级不得分</td><td></td><td></td></tr>
<tr><td>15</td><td>6</td><td>$Ra \leqslant 3.2\ \mu m$</td><td>降级不得分</td><td></td><td></td></tr>
<tr><td>16</td><td rowspan="3">主观评分（10 分）</td><td>3</td><td colspan="2">已加工零件去毛刺是否符合图样要求</td><td></td><td></td></tr>
<tr><td>17</td><td>4</td><td colspan="2">已加工零件是否有划伤、碰伤和夹伤</td><td></td><td></td></tr>
<tr><td>18</td><td>3</td><td colspan="2">已加工零件与图样要求的一致性以及其余表面粗糙度</td><td></td><td></td></tr>
<tr><td>19</td><td>更换毛坯（5 分）</td><td>5</td><td>是否更换毛坯</td><td>是 / 否</td><td></td><td></td></tr>
<tr><td>20</td><td rowspan="4">职业素养</td><td rowspan="4">扣分</td><td colspan="2">能正确穿戴工作服、工作鞋、安全帽等劳动防护用品。每违反一项，扣 2 分</td><td></td><td></td></tr>
<tr><td>21</td><td colspan="2">能按机床使用规范正确进行开关机、对刀等基本操作。每误操作一次，扣 2 分</td><td></td><td></td></tr>
<tr><td>22</td><td colspan="2">能规范使用及保养工具、量具和辅具。每违反操作一次，扣 2 分</td><td></td><td></td></tr>
<tr><td>23</td><td colspan="2">能做好设备清洁、保养工作。不清洁，不保养，扣 3 分；保养不彻底，扣 2 分</td><td></td><td></td></tr>
<tr><td colspan="2">总配分</td><td colspan="2">100</td><td>总得分</td><td colspan="2"></td></tr>
</table>

2．由教师演示孔中心距的测量方法，学生观察教师的动作，记录孔中心距的测量步骤，并进行孔中心距测量的练习。

三、分析不合格产品原因

分析不合格产品原因，提出修改方案，并填入表 4–20 中。

表 4–20　　不合格项目产生原因及改进方法

不合格项目	产生原因	改进方法
定位孔尺寸超差		
孔中心距超差		
螺纹不正确		
平行度误差超差		
表面粗糙度降级		

学习活动 4　工作总结与评价

学习目标

1. 能按照学生自我评价表完成自评。

2. 能结合自身任务完成情况，正确、规范地撰写工作总结（心得体会）。

3. 能对学习与工作进行反思总结，并能与他人开展良好合作，进行有效的沟通。

4. 能在作业过程中严格执行企业操作规范、安全生产制度、环保管理制度以及“6S”管理规定，严格遵守从业人员的职业道德，树立吃苦耐劳、爱岗敬业的工作态度和职业责任感。

5. 能与班组长、工具管理员等相关人员进行有效的沟通与合作，理解有效沟通和团队合作的重要性。

建议学时：4 学时。

学习过程

学习评价以学习目标为导向，围绕学习过程设计评价要点，依据多元评价理论，从不同角度关注学生综合职业能力和职业素质的养成。在教学过程中，学习评价由自我评价、小组评价和教师评价三部分组成，检验并提升学生的综合职业能力。学生最终成绩按下式进行计算：总评成绩 = 自我评价（40%）+ 小组评价（10%）+ 教师评价（50%）。

一、自我评价

学生通过自我评价发现自己存在的问题和不足，自我评价总分占学习评价的 40%（其中产品评价占 20%，自我评价占 20%）。

学生自我评价表见附表 3。

二、小组评价

小组评价由“组内工作过程考核互评”和“组间展示互评”两部分组成。“组内工作过程考核互评”让学生在评价别人和接受别人评价中发现问题、解决问题。“组间展示互评”把个人制作好的零件先进行分组展示，再由小组推荐代表做工作过程的介绍。在展示的过程中，以组为单位进行评价；评价完成后，根据其他组成员对本组展示的成果评价意见进行归纳总结。通过组内和组间互相考核，促使学生按规范认真完成工作任务，也使评价者在互评中完成知识学习和素质养成，小组评价总分占学习评价的 10%。

组内工作过程考核互评表见附表 4。

组间展示互评表见附表 5。

三、教师评价

教师评价的目的是提供有效的诊断和反馈，强化和改进教学的实施，对学生的学习过程进行评价。首先，教师对展示的作品分别做评价：一是找出各组的优点进行点评。二是对展示过程中各组的缺点进行点评，提出改进方法。三是对整个任务完成中出现的亮点和不足进行点评。然后，教师在教学过程中，根据学生的具体行为表现，按教师评价指标进行评价，教师评价总分占学习评价的 50%。

教师评价表见附表 6。

四、总结提升

试结合自身任务完成情况，撰写本次任务的工作总结（包含影响产品质量的因素、工艺顺序安排的依据和重要性、企业制订工作生产计划的理由等）。

工作总结（心得体会）

任务拓展

模具推料板加工任务拓展

一、工作情境描述

某企业接到一批模具推料板零件（图 4-17）加工订单，材料为 45 钢，毛坯尺寸为 162 mm×72 mm×32 mm，生产主管计划用数控铣床进行加工。要求设计对刀点及对刀方法，并完成零件加工。

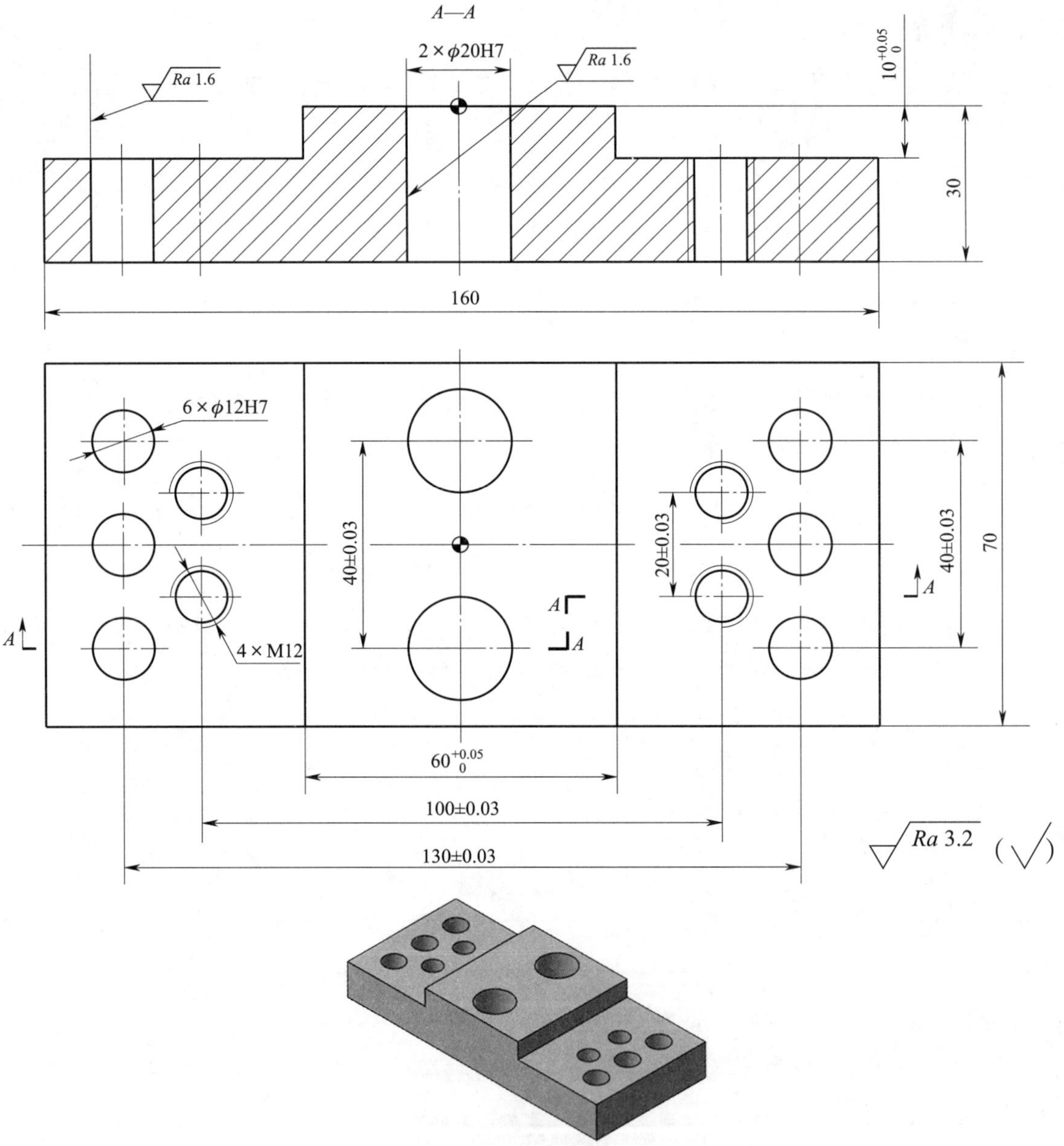

图 4-17　模具推料板加工任务拓展

二、检测零件，填写质量检验单

根据图样要求，自检零件，并将检测结果填入表 4–21 中。

表 4–21　　模具推料板加工任务拓展检测记录表

序号	名称	配分	项目与技术要求	评分标准	检测记录	得分
1	主要尺寸（67 分）	5	（130 ± 0.03）mm	超差不得分		
2		5	（100 ± 0.03）mm	超差不得分		
3		5 × 2	（40 ± 0.03）mm（2 处）	超差不得分		
4		5	（20 ± 0.03）mm	超差不得分		
5		5	$60^{+0.05}_{0}$ mm	超差不得分		
6		5	$10^{+0.05}_{0}$ mm	超差不得分		
7		3 × 4	M12（4 处）	超差不得分		
8		4 × 2	ϕ 20H7（2 处）	超差不得分		
9		2 × 6	ϕ 12H7（6 处）	超差不得分		
10	次要尺寸（9 分）	3	160 mm	超差不得分		
11		3	70 mm	超差不得分		
12		3	30 mm	超差不得分		
13	表面粗糙度（9 分）	1 × 8	$Ra \leqslant 1.6$ μm（8 处）	降级不得分		
14		1	$Ra \leqslant 3.2$ μm	降级不得分		
15	主观评分（10 分）	3	已加工零件去毛刺是否符合图样要求			
16		4	已加工零件是否有划伤、碰伤和夹伤			
17		3	已加工零件与图样要求的一致性以及其余表面粗糙度			
18	更换毛坯（5 分）	5	是否更换毛坯	是 / 否		
19	职业素养	扣分	能正确穿戴工作服、工作鞋、安全帽等劳动防护用品。每违反一项，扣 2 分			
20			能按机床使用规范正确进行开关机、对刀等基本操作。每误操作一次，扣 2 分			
21			能规范使用及保养工具、量具和辅具。每违反操作一次，扣 2 分			
22			能做好设备清洁、保养工作。不清洁，不保养，扣 3 分；保养不彻底，扣 2 分			
总配分			100	总得分		

世赛知识

世界技能大赛数控铣项目主观评判项目

世界技能大赛数控铣项目主观评判项目有机床倒角、手工倒角、进刀和退刀痕迹或划痕刮伤、振纹、接刀（出现的台阶）、锉削或去毛刺造成的损伤（锉伤或划伤）、碰撞及轮廓损伤、垫屑产生的痕迹、螺纹铣削 9 种。

一、机床倒角（表 4–22）

表 4–22　机床倒角

分值	描述（与图样相符性）	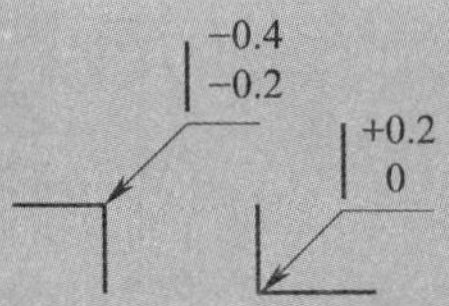 −0.4 −0.2 / +0.2 0
3	所有边缘在可接受范围内，没有 90° 倒角刀在边缘倒角的遗漏	
2	距边缘 1 ~ 2 mm 区域未完成机床倒角，机床倒角不会太大或太小	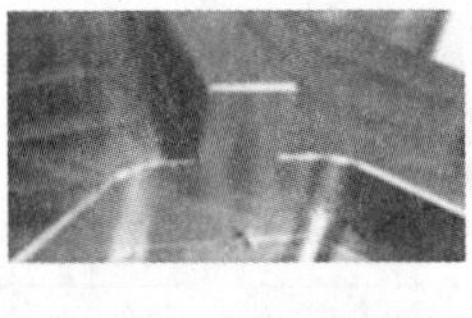
1	机床倒角大小不一致，并且距相邻边缘（障碍台阶）2 mm 或以上区域未完成机床倒角	
0	3 处或 3 处以上倒角遗漏或出现尖锐边缘，机床倒角未完成	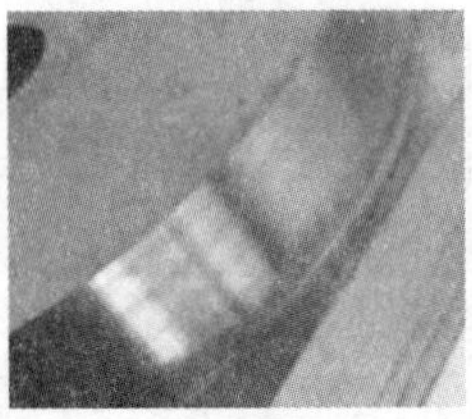

二、手工倒角（表 4–23）

表 4–23　手工倒角

分值	描述（与图样相符性）	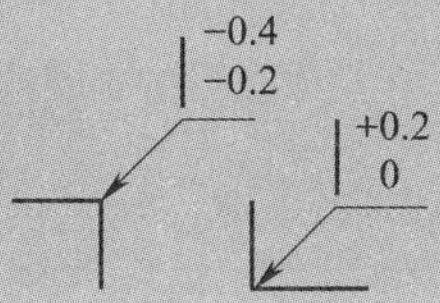 −0.4 −0.2　+0.2 0
3	所有边缘在可接受范围内，无手工倒角遗漏	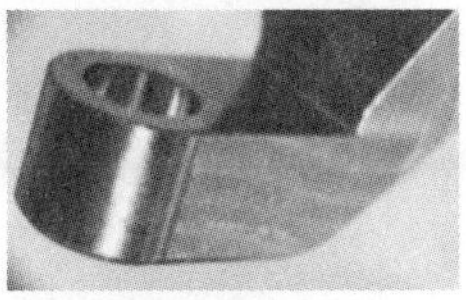
2	距边缘 1 ~ 2 mm 区域未完成手工倒角，手工倒角不会太大或太小	
1	手工倒角大小或角度不一致，距相邻边缘（障碍台阶）2 mm 或以上区域未完成手工倒角	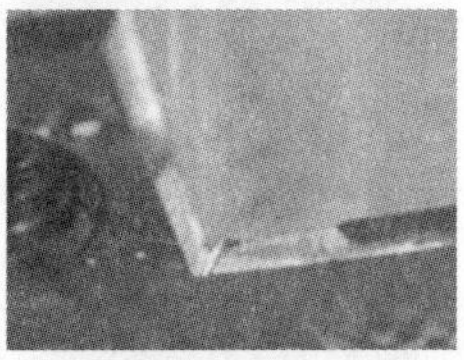
0	手工倒角未完成	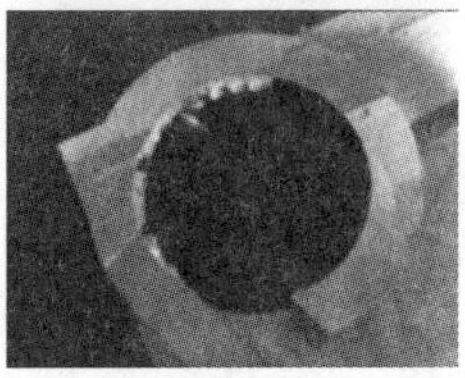

三、进刀和退刀痕迹或划痕刮伤（表 4–24）

表 4–24　进刀和退刀痕迹或划痕刮伤

分值	描述（机用虎钳夹持导致的痕迹）	
3	无可见痕迹或划痕刮伤，用千分尺等量具测量产生的痕迹不算	
2	有模糊可见的机用虎钳夹持痕迹，但无划痕，用千分尺等量具测量产生的痕迹不算	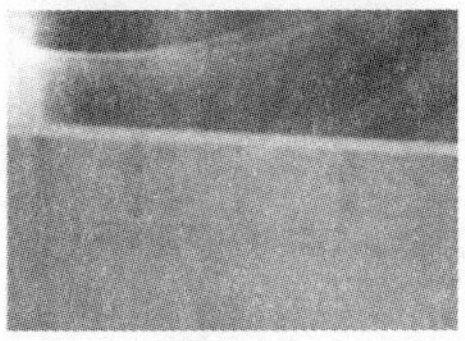

续表

分值	描述（机用虎钳夹持导致的痕迹）	
1	模糊可见的小痕迹或刮伤	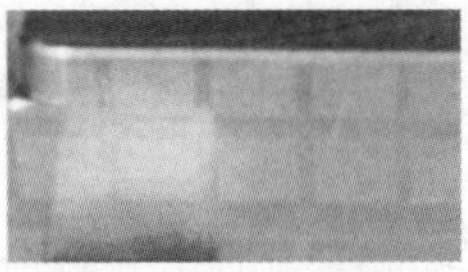
0	视觉可见的清晰划痕刮伤	

四、振纹（表 4–25）

表 4–25　振纹

分值	描述（振纹包括倒角和倒过渡圆角时产生的振痕）	
3	圆弧或直线均无痕迹，所有边缘及圆弧均与轮廓看起来一致	
2	每条边或每面有 1 处轻微的振纹	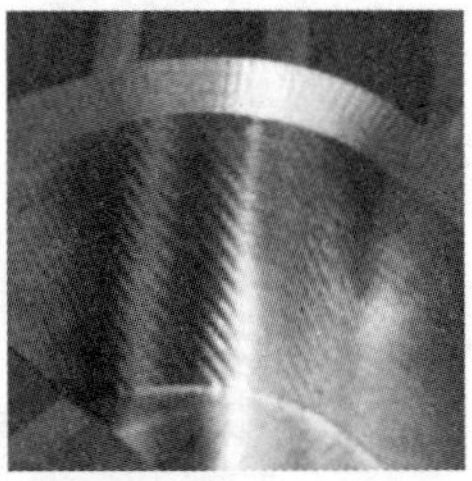
1	每条边有 2 处或 2 处以上明显的振纹	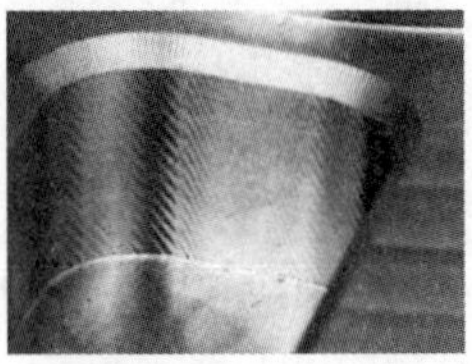
0	每条边都有严重振纹	

五、接刀（出现的台阶）（表 4–26）

表 4–26　　接刀（出现的台阶）

分值	描述	
3	无可见台阶的（接刀）痕迹，手指刮过也不会感觉到台阶痕迹	
2	加工面或特征面之间有 1 处轻微不符，视觉不可见，但手指可以感触到	
1	加工面或特征面之间有可见的不符，视觉可见且手指能明显感触到，每个模块不超过 2 处不符	
0	加工面与图样要求不符或多了凸台，在工件表面出现了未要求的特征，每个加工面或特征面之间有清晰可见的距离	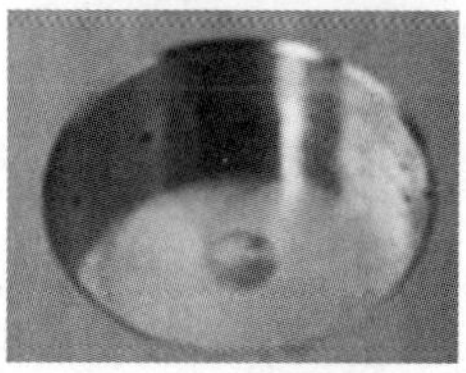

六、锉削或去毛刺造成的损伤（锉伤或划伤）（表 4–27）

表 4–27　　锉削或去毛刺造成的损伤（锉伤或划伤）

分值	描述（手工去毛刺产生的损伤）	
3	无手工去毛刺痕迹，无机床与手工倒角过渡产生的痕迹	
2	手工去毛刺产生 1 处轻微的擦伤，或边缘处有 1 处轻微的凹槽	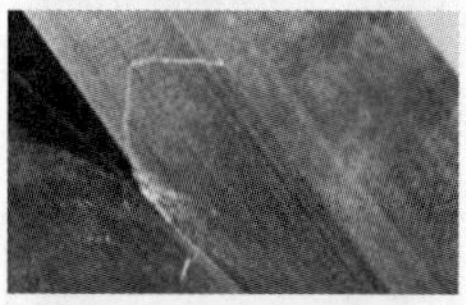
1	整个工件因手工去毛刺产生 2 ~ 3 处轻微划痕或者去毛刺不充分	
0	有明显划痕或手工未去毛刺，出现尖锐的边缘	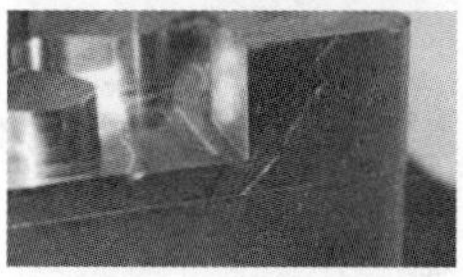

七、碰撞及轮廓损伤（表 4–28）

表 4–28　碰撞及轮廓损伤

分值	描述（切削刀具刀柄碰撞及可见的轮廓损伤）	
3	无进刀、退刀过程产生的痕迹，无撞伤或轮廓损伤	
2	轻微错位造成的加工痕迹，无撕裂（断裂）痕迹	
1	有撕裂（断裂）痕迹，工件无轮廓损伤或撞痕，有轻微夹痕或多于 2 处的划痕	
0	与切削刀具产生了碰撞	

八、垫屑产生的痕迹（表 4–29）

表 4–29　垫屑产生的痕迹

分值	描述（来自机用虎钳或垫屑痕迹）	
3	整个工件无可见的垫屑痕迹	
2	整个工件有 1 处轻微的垫屑痕迹，且伤痕的最大直径尺寸是 1 mm	
1	2 处或 2 处以上可见的垫屑痕迹	
0	出现严重的垫屑痕迹，或严重的拉伤痕迹	

九、螺纹铣削（表 4–30）

表 4–30　螺纹铣削

分值	描述（与图样相符性）	
3	量规转动顺畅，通规与螺纹间无缝隙	
2	量规转动顺畅，但倒角太大或太小	
1	有伤痕或毛刺，通规可以转动（旋入），但转动不顺畅	
0	无螺纹，通规不能转动或与螺纹间留有过大间隙	

学习任务五　槽轮的数控铣加工

学习目标

1. 能了解数控车间及工作区的范围和限制，理解企业对环境、安全、卫生和事故预防的标准。

2. 能检查工作区、设备、工具、材料的状况和功能。

3. 能阅读生产任务单，明确工作任务，制订合理的工作计划。

4. 能正确识读槽轮零件图。

5. 能借助机械手册，查阅零件的几何公差和切削用量等知识，理解机械手册在生产中的重要性。

6. 能正确分析数控加工工艺，选择合理的切削用量、刀具及装夹方式。

7. 能设计并加工简单的工艺装备和夹具。

8. 能根据任务书、零件图加工要求，通过查阅数控加工工艺学，分析并制定槽轮的数控加工工艺，正确、规范地填写槽轮加工工艺卡。

9. 能了解加工材料的金属切削性能。

10. 能完成槽轮数控加工程序的编制。

11. 能正确、规范地对槽轮进行数控铣加工。

12. 能按车间现场“6S”管理规定和产品工艺流程的要求，正确放置工具、产品，正确、规范地保养机床，进行产品交接并规范填写交接班记录表。

13. 能根据零件图，合理选择工具、量具，确定检测方法，记录几何误差值。

14. 能对槽轮进行正确的测量，评估与判断零件质量是否合格，并提出改进措施。

15. 能主动获取有效信息，展示工作成果，对学习与工作进行反思总结，优化方案和策略，具备知识迁移能力。

16. 能与班组长、工具管理员等相关人员进行有效的沟通与合作，理解有效沟通和团队合作的重要性。

17. 能在作业过程中严格执行企业操作规范、安全生产制度、环保管理制度以及“6S”管理规定，严格遵守从业人员的职业道德，树立吃苦耐劳、爱岗敬业的工作态度和职业责任感。

建议学时

60 学时。

工作情境描述

某企业接到一批槽轮零件（图 5-1）加工订单，材料为铸钢，生产主管计划用数控铣床进行加工。该零件为拨叉件，槽轮上有不规则外轮廓、高精度拨叉槽、安装定位孔等要素。装夹面与定位孔面垂直度公差为 0.03 mm，拨叉槽的角度精度为 ±30′，拨叉槽和定位孔的尺寸精度为 IT8 级，位置度公差为 ϕ0.05 mm。

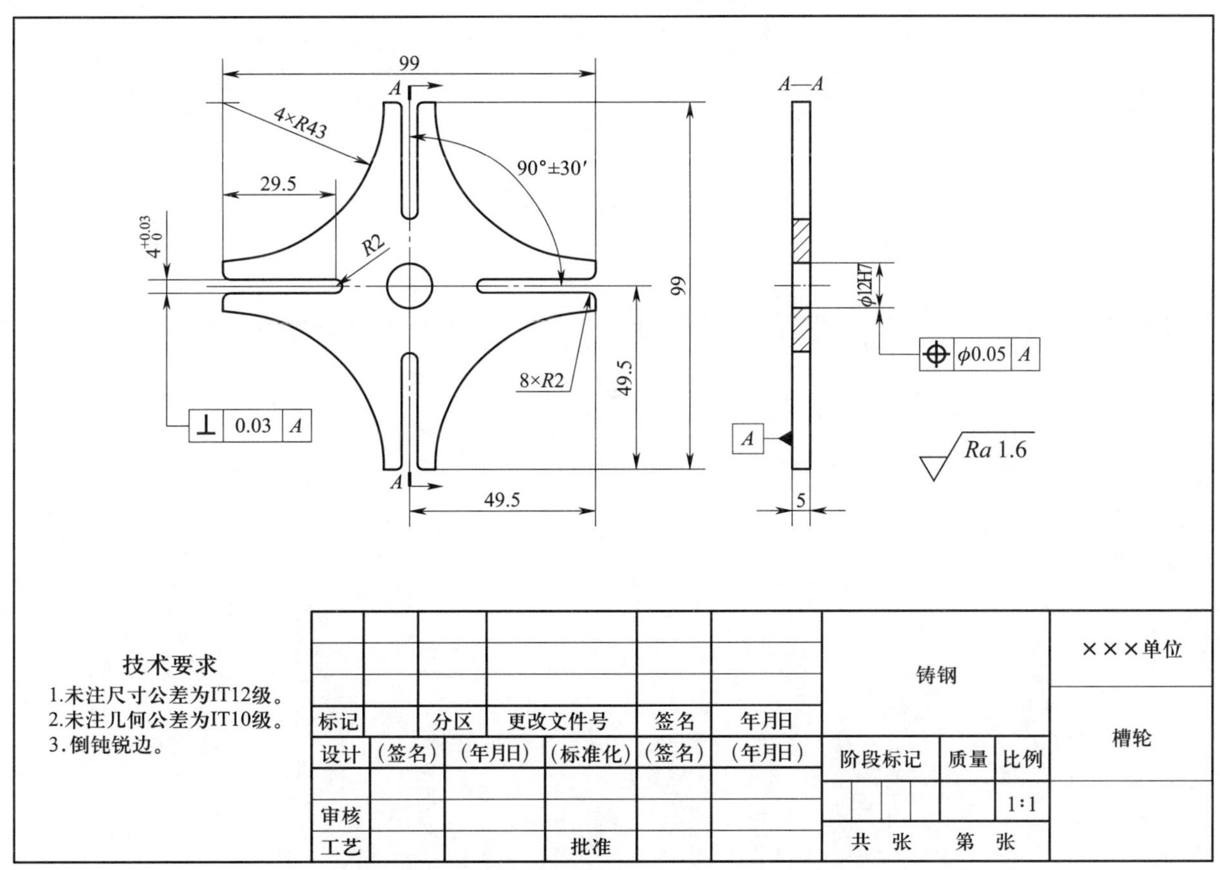

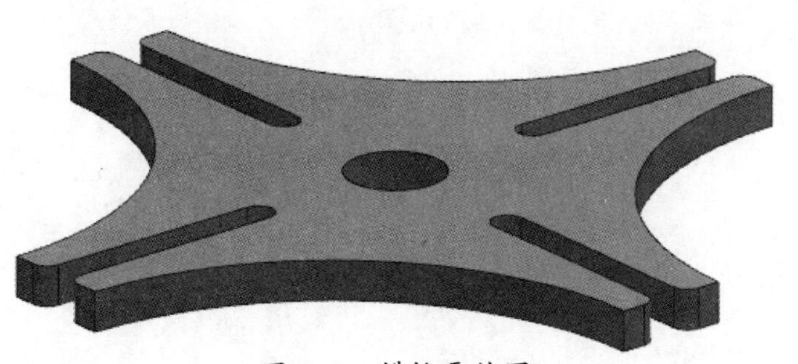

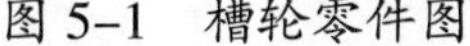
图 5-1　槽轮零件图

工作流程与活动

1．槽轮加工工艺分析与编程（12 学时）

2．槽轮的加工（40 学时）

3．槽轮的检验与质量分析（4 学时）

4．工作总结与评价（4 学时）

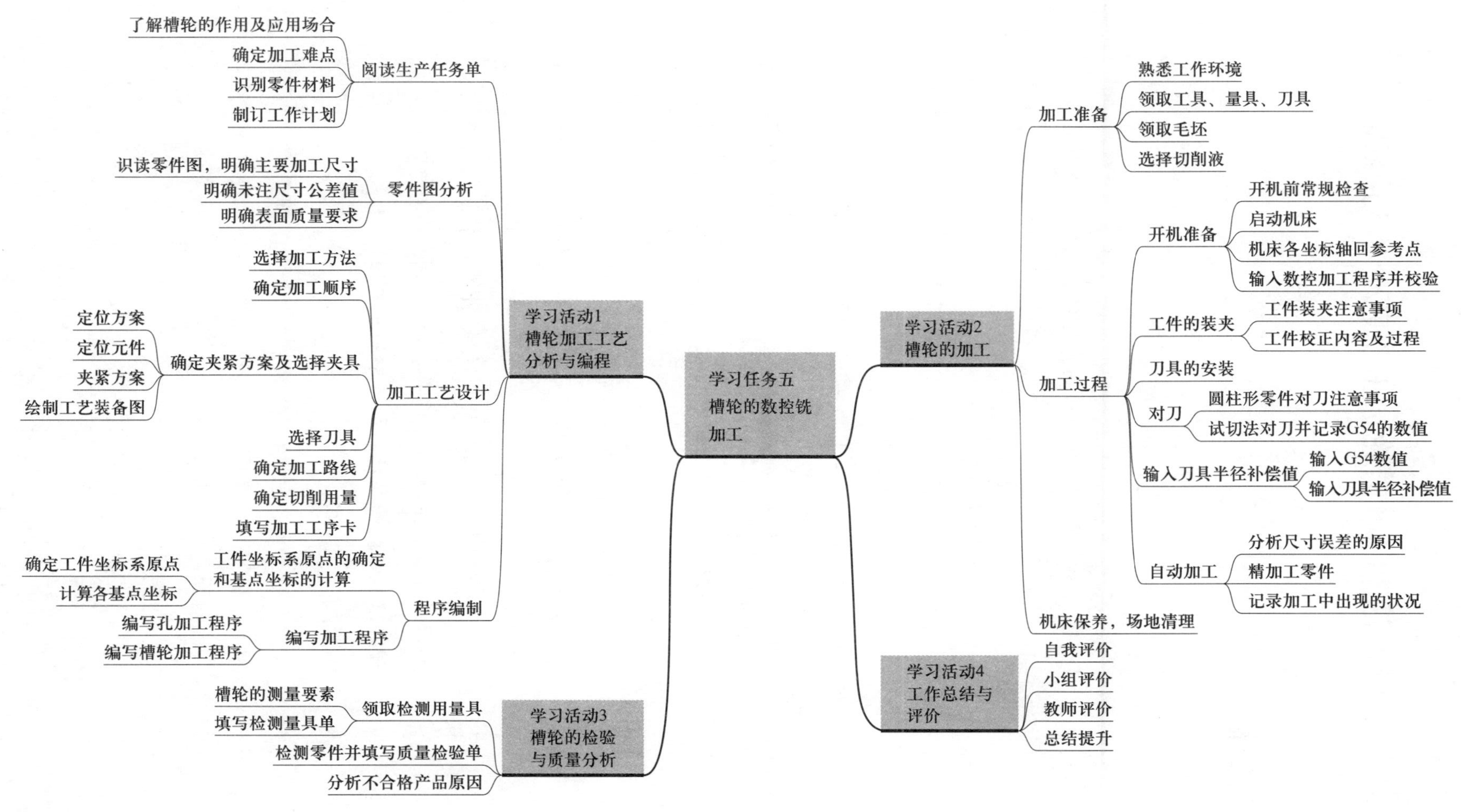
学习任务五
槽轮的数控铣加工
学习活动1
槽轮加工工艺分析与编程
阅读生产任务单
了解槽轮的作用及应用场合
确定加工难点
识别零件材料
制订工作计划
零件图分析
识读零件图，明确主要加工尺寸
明确未注尺寸公差值
明确表面质量要求
加工工艺设计
选择加工方法
确定加工顺序
确定夹紧方案及选择夹具
定位方案
定位元件
夹紧方案
绘制工艺装备图
选择刀具
确定加工路线
确定切削用量
填写加工工序卡
程序编制
工件坐标系原点的确定和基点坐标的计算
确定工件坐标系原点
计算各基点坐标
编写加工程序
编写孔加工程序
编写槽轮加工程序
学习活动3
槽轮的检验与质量分析
领取检测用量具
槽轮的测量要素
填写检测量具单
检测零件并填写质量检验单
分析不合格产品原因
学习活动2
槽轮的加工
加工准备
熟悉工作环境
领取工具、量具、刀具
领取毛坯
选择切削液
加工过程
开机准备
开机前常规检查
启动机床
机床各坐标轴回参考点
输入数控加工程序并校验
工件的装夹
工件装夹注意事项
工件校正内容及过程
刀具的安装
对刀
圆柱形零件对刀注意事项
试切法对刀并记录G54的数值
输入刀具半径补偿值
输入G54数值
输入刀具半径补偿值
自动加工
分析尺寸误差的原因
精加工零件
记录加工中出现的状况
机床保养，场地清理
学习活动4
工作总结与评价
自我评价
小组评价
教师评价
总结提升

学习活动1　槽轮加工工艺分析与编程

学习目标

1. 能阅读生产任务单，明确工作任务，制订合理的工作计划。

2. 能正确识读槽轮零件图。

3. 能借助机械手册，查阅零件的几何公差和切削用量等知识，理解机械手册在生产中的重要性。

4. 能查阅数控加工工艺学，分析槽轮的数控加工工艺。

5. 能设计并加工简单的工艺装备和夹具。

6. 能合理制定槽轮的数控加工工序，并填写数控加工工序卡。

7. 能完成槽轮数控加工程序的编制。

8. 能掌握铣刀的结构、用途，正确选择加工用铣刀。

9. 能根据数控加工工艺、零件材料等要求，查阅机械手册和刀具手册，合理选择刀具、刀具几何参数和切削用量，理解刀具的选择在产品加工中的重要性。

建议学时：12学时。

学习过程

一、阅读生产任务单（表 5–1）

表 5–1　　生产任务单

<table>
<tr><td colspan="2">需方单位名称</td><td colspan="2"></td><td>完成日期</td><td colspan="2">年　月　日</td></tr>
<tr><td>序号</td><td>产品名称</td><td>材料</td><td>数量</td><td colspan="3">技术标准、质量要求</td></tr>
<tr><td>1</td><td>槽轮</td><td>铸钢</td><td></td><td colspan="3">按图样要求</td></tr>
<tr><td>2</td><td></td><td></td><td></td><td colspan="3"></td></tr>
<tr><td>3</td><td></td><td></td><td></td><td colspan="3"></td></tr>
<tr><td>4</td><td></td><td></td><td></td><td colspan="3"></td></tr>
<tr><td colspan="2">生产批准时间</td><td>年　月　日</td><td>批准人</td><td></td><td></td><td></td></tr>
<tr><td colspan="2">通知任务时间</td><td>年　月　日</td><td>发单人</td><td></td><td></td><td></td></tr>
<tr><td colspan="2">接单时间</td><td>年　月　日</td><td>接单人</td><td></td><td>生产班组</td><td>数控加工组</td></tr>
</table>

1．查阅相关资料，了解槽轮的作用及应用场合，简述本任务的加工难点。

2．槽轮零件的材料是什么？此材料与铸铁的区别有哪些？

3．本生产任务工期为 10 天，请根据任务要求，制订合理的工作计划，并根据小组成员的特点进行分工，填写在表 5–2 工作计划表中。

表 5–2　　工作计划表

序号	工作内容	时间	成员	负责人
1	工艺分析			
2	编制程序			
3	数控铣加工			
4	成品检验与质量分析			

二、零件图分析

图 5–1 所示为槽轮零件图，试按要求完成下列任务。

1．分析零件图，在表 5–3 中填写槽轮的主要加工尺寸、几何公差要求及表面质量要求，并进行相应的尺寸公差计算，为数控加工工艺的制定做准备。

表 5–3　　零件图分析

序号	项目	内容	偏差范围（数值）
1	主要加工尺寸		
2			
3			
4	几何公差要求		
5			
6	表面质量要求		

2. 查阅机械手册或咨询班组长等专业技术人员，写出图 5–1 中所有未注公差尺寸的公差值。

3. 查阅机械手册或咨询班组长等专业技术人员，简述槽轮零件图中所有位置公差的含义。

三、加工工艺设计

1．选择加工方法

根据槽轮零件的表面特征，选择零件表面的加工方法。

2．确定加工顺序

结合图 5–1 所示槽轮零件的加工要求和结构特点，制定本任务的加工顺序。

3．确定夹紧方案及选择夹具

由于槽轮的厚度为 5 mm，因此不能采用三爪自定心卡盘直接装夹工件，需设计专用工艺装备。

（1）定位方案。装夹槽轮时，选择__________和__________作为定位基准。

（2）定位元件。由于内孔为定位基准，因此，选用图 5–2 所示的__________为定位元件。

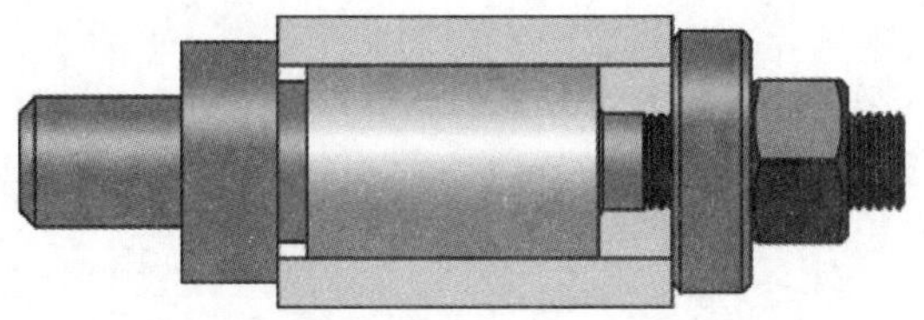

图 5–2　定位元件

（3）夹紧方案。螺旋夹紧机构具有结构简单、制造容易、自锁性能好、夹紧可靠等特点，是手动夹紧中常用的一种夹紧机构。因此，该方案采用螺母和弹簧垫圈配合心轴夹紧。

（4）小组成员在教师的指导下，绘制专用工艺装备图。

4．选择刀具

根据槽轮零件的加工内容进行刀具的选择，完成表 5–4 所列槽轮零件加工刀具卡的填写。

表 5–4　　槽轮零件加工刀具卡

产品名称或代号		零件名称		零件图号	
刀具号	刀具名称	数量	加工内容	刀具规格	

5．确定加工路线

设计槽轮的加工路线，并绘制加工路线图。

6．确定切削用量

根据选择的刀具及刀具材料，查阅刀具切削参数表，计算切削参数（转速 $n=\frac{1\,000\,v_c}{\pi D}$，进给量 $F=f_z zn$），并将相应的数值填入表 5–5 中。

7．填写加工工序卡

小组讨论（或独立）完成槽轮零件数控加工工序卡（表 5–5）的填写。

表 5–5　槽轮零件数控加工工序卡

<table>
<tr><td colspan="3">单位名称</td><td colspan="3">产品名称或代号</td><td colspan="2">零件名称</td><td colspan="2">零件图号</td></tr>
<tr><td colspan="3"></td><td colspan="3"></td><td colspan="2"></td><td colspan="2"></td></tr>
<tr><td colspan="2">工序号</td><td>程序编号</td><td colspan="3">夹具名称</td><td colspan="2">使用设备</td><td colspan="2">车间</td></tr>
<tr><td colspan="2"></td><td></td><td colspan="3"></td><td colspan="2"></td><td colspan="2"></td></tr>
<tr><td>工步号</td><td colspan="2">工步内容</td><td colspan="2">刀具号</td><td>刀具规格 / mm</td><td>主轴转速 /（r/min）</td><td>进给速度 /（mm/min）</td><td colspan="2">铣削层深度 /mm</td></tr>
<tr><td></td><td colspan="2"></td><td colspan="2"></td><td></td><td></td><td></td><td colspan="2"></td></tr>
<tr><td></td><td colspan="2"></td><td colspan="2"></td><td></td><td></td><td></td><td colspan="2"></td></tr>
<tr><td></td><td colspan="2"></td><td colspan="2"></td><td></td><td></td><td></td><td colspan="2"></td></tr>
<tr><td></td><td colspan="2"></td><td colspan="2"></td><td></td><td></td><td></td><td colspan="2"></td></tr>
<tr><td></td><td colspan="2"></td><td colspan="2"></td><td></td><td></td><td></td><td colspan="2"></td></tr>
<tr><td></td><td colspan="2"></td><td colspan="2"></td><td></td><td></td><td></td><td colspan="2"></td></tr>
<tr><td>编制</td><td></td><td>审核</td><td></td><td>批准</td><td></td><td colspan="2">年　月　日</td><td>共　页</td><td>第　页</td></tr>
</table>

四、程序编制

1．计算各基点坐标

（1）确定工件坐标系原点。如图 5–3 所示，绘制零件的工件坐标系原点。

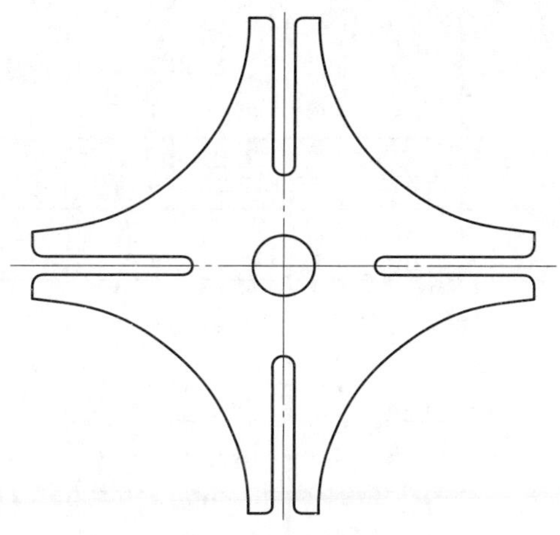

图 5–3　绘制工件坐标系原点

（2）根据零件图及槽轮的加工路线图计算各基点的坐标值。

2．编写加工程序

（1）编写孔加工（钻中心孔）程序，并填写在表 5–6 中。

表 5–6　孔加工（钻中心孔）程序

程序	注释

（2）编写孔加工（钻 ϕ12 mm 孔）程序，并填写在表 5–7 中。

表 5–7　孔加工（钻 ϕ12 mm 孔）程序

程序	注释

（3）编写孔加工（铰 ϕ12 mm 孔）程序，并填写在表 5–8 中。

表 5–8　孔加工（铰 ϕ12 mm 孔）程序

程序	注释

（4）编写槽轮加工程序，并填写在表 5–9 中。

表 5–9　　槽轮加工程序

程序	注释

学习活动2 槽轮的加工

学习目标

1. 能了解数控车间与工作区的范围和限制，理解企业对环境、安全、卫生和事故预防的标准。

2. 能检查工作区、设备、工具、材料的状况和功能。

3. 能根据现场条件，查阅相关资料，选用符合加工技术要求的工具、量具、刀具。

4. 能熟练装夹工件，并对其进行找正。

5. 能掌握切削液的种类和使用场合，正确选择本次学习活动中要用的切削液。

6. 能正确、规范地装夹刀具，并正确对刀。

7. 能正确输入零件的加工程序，应用数控铣床的模拟检验功能检查程序编写中的错误，并对程序进行优化。

8. 能严格根据车间管理规定，正确、规范地操作机床。

9. 能独立解决加工中出现的程序报警及机床简单故障问题。

10. 能按车间现场“6S”管理规定和产品工艺流程的要求，正确放置工具、产品，正确、规范地保养机床，进行产品交接并规范填写交接班记录表。

建议学时：40学时。

学习过程

一、加工准备

1．熟悉工作环境

了解数控车间与工作区的范围和限制，理解企业对环境、安全、卫生和事故预防的标准。

2．领取工具、量具、刀具

领取工具、量具、刀具，并填写表 5–10。

表 5–10　　工具、量具、刀具清单

序号	名称	规格	数量	备注
1				
2				
3				
4				
5				
6				
7				
8				
9				
10				

3．领取毛坯

领取毛坯，测量并记录所领毛坯的实际外形尺寸，判断毛坯是否有足够的加工余量。

4．选择切削液

根据加工对象及所用刀具，选择本次学习活动要用的切削液。

二、加工过程

1．开机准备

（1）做好开机前的各项常规检查工作。

（2）规范启动机床。

（3）机床各坐标轴回参考点。

（4）输入数控加工程序并校验。

2．工件的装夹

（1）简述工件装夹时的注意事项。

（2）采用三爪自定心卡盘装夹工件时是否要校正工件？简述工件校正的内容及校正过程。

3．刀具的安装

正确安装立铣刀、中心钻、麻花钻、扩孔钻、铰刀等刀具。

4．对刀

（1）简述圆柱形零件对刀时的注意事项。

（2）画图说明槽轮零件的对刀方法。通过试切法进行对刀操作，并记录 G54 数值。

G54	X
	Y
	Z

5．输入刀具半径补偿值

采用同一段程序，加工时用改变刀具半径补偿值的方法实现工件的粗、精加工。粗加工时，将偏置量设为 $D=R+\Delta$，其中 R 为刀具的半径，Δ 为精加工余量，这样在粗加工完成后，形成的工件轮廓的加工尺寸要比实际轮廓每边都大 Δ。

粗加工外形轮廓时，设置刀具半径补偿值为__________ mm；精加工时，根据测量结果设置刀具半径补偿值。

6．自动加工

（1）加工过程中注意观察刀具切削情况，记录加工中不合理的地方并及时纠正，提高工作效率。实际加工中，切削速度可以根据加工实际情况通过倍率开关进行调整。若粗加工尺寸误差较大，试分析产生误差的原因。

（2）粗加工完毕，精确测量加工尺寸，根据测量结果修改刀具半径补偿值，再进行精加工。加工完毕，检测零件加工尺寸是否符合图样要求。若不合格，根据加工余量情况，确定是否进行修整加工。能修整的，修整加工至图样要求；不能修整的，详细分析报废的原因并给出修改措施。

（3）记录在加工中出现的状况，分析后进行处理。

三、机床保养，场地清理

加工完毕，按照车间规定整理现场，清扫切屑，保养机床，并正确处置废油液等废弃物；按车间规定填写交接班记录（附表 1）和设备日常保养记录卡（附表 2）。

学习活动 3　槽轮的检验与质量分析

学习目标

1. 能正确选择合理的检验工具和量具。

2. 能根据测量结果，分析误差产生的原因，优化加工策略。

3. 能正确对量具进行合理保养和维护。

4. 能按检验室管理要求，正确放置检验用工具、量具。

建议学时：4 学时。

学习过程

一、领取检测用量具

1．槽轮零件需要测量哪些要素？

2．根据测量要素，列出零件在检测过程中要用到的量具，并填入表 5–11 中。

表 5–11　　检测量具

序号	量具名称	量具规格（精度）	检测内容

续表

序号	量具名称	量具规格（精度）	检测内容

二、检测零件，填写质量检验单

根据图样要求，自检零件，并将检测结果填入表 5–12 中。

表 5–12　　槽轮检测记录表

序号	名称	配分	项目与技术要求	评分标准	检测记录	得分
1	主要尺寸（45 分）	5×4	$4^{+0.03}_{0}$ mm（4 处）	超差不得分		
2		5	ϕ 12H7	超差不得分		
3		5×4	90° ± 30′（4 处）	超差不得分		
4	次要尺寸（35 分）	2×4	49.5 mm（4 处）	超差不得分		
5		2×4	29.5 mm（4 处）	超差不得分		
6		2×4	R43 mm（4 处）	超差不得分		
7		4	R2 mm	超差不得分		
8		3	5 mm	超差不得分		
9		2	位置度公差 ϕ 0.05 mm	超差不得分		
10		2	垂直度公差 0.03 mm	超差不得分		
11	表面粗糙度（5 分）	5	$Ra \leqslant 1.6\ \mu m$	降级不得分		
12	主观评分（10 分）	3	已加工零件去毛刺是否符合图样要求			
13		4	已加工零件是否有划伤、碰伤和夹伤			
14		3	已加工零件与图样要求的一致性以及其余表面粗糙度			
15	更换毛坯（5 分）	5	是否更换毛坯	是 / 否		
16	职业素养	扣分	能正确穿戴工作服、工作鞋、安全帽等劳动防护用品。每违反一项，扣 2 分			
17			能按机床使用规范正确进行开关机、对刀等基本操作。每误操作一次，扣 2 分			
18			能规范使用及保养工具、量具和辅具。每违反操作一次，扣 2 分			
19			能做好设备清洁、保养工作。不清洁，不保养，扣 3 分；保养不彻底，扣 2 分			
总配分		100	总得分			

三、分析不合格产品原因

分析不合格产品原因，提出修改方案，并填入表 5–13 中。

表 5–13　　不合格项目产生原因及改进方法

不合格项目	产生原因	改进方法
尺寸不正确		
拨叉槽的角度误差		
位置度误差超差		
垂直度误差超差		
表面粗糙度降级		

学习活动 4　工作总结与评价

学习目标

1. 能按照学生自我评价表完成自评。

2. 能结合自身任务完成情况，正确、规范地撰写工作总结（心得体会）。

3. 能对学习与工作进行反思总结，并能与他人开展良好合作，进行有效的沟通。

4. 能在作业过程中严格执行企业操作规范、安全生产制度、环保管理制度以及“6S”管理规定，严格遵守从业人员的职业道德，树立吃苦耐劳、爱岗敬业的工作态度和职业责任感。

5. 能与班组长、工具管理员等相关人员进行有效的沟通与合作，理解有效沟通和团队合作的重要性。

建议学时：4 学时。

学习过程

学习评价以学习目标为导向，围绕学习过程设计评价要点，依据多元评价理论，从不同角度关注学生综合职业能力和职业素质的养成。在教学过程中，学习评价由自我评价、小组评价和教师评价三部分组成，检验并提升学生的综合职业能力。学生最终成绩按下式进行计算：总评成绩 = 自我评价（40%）+ 小组评价（10%）+ 教师评价（50%）。

一、自我评价

学生通过自我评价发现自己存在的问题和不足，自我评价总分占学习评价的 40%（其中产品评价占 20%，自我评价占 20%）。

学生自我评价表见附表 3。

二、小组评价

小组评价由“组内工作过程考核互评”和“组间展示互评”两部分组成。“组内工作过程考核互评”让学生在评价别人和接受别人评价中发现问题、解决问题。“组间展示互评”把个人制作好的零件先进行分组展示，再由小组推荐代表做工作过程的介绍。在展示的过程中，以组为单位进行评价；评价完成后，根据其他组成员对本组展示的成果评价意见进行归纳总结。通过组内和组间互相考核，促使学生按规范认真完成工作任务，也使评价者在互评中完成知识学习和素质养成，小组评价总分占学习评价的 10%。

组内工作过程考核互评表见附表 4。

组间展示互评表见附表 5。

三、教师评价

教师评价的目的是提供有效的诊断和反馈，强化和改进教学的实施，主要对学生的学习过程进行评价。首先，教师对展示的作品分别做评价：一是找出各组的优点进行点评。二是对展示过程中各组的缺点进行点评，提出改进方法。三是对整个任务完成中出现的亮点和不足进行点评。然后，教师在教学过程中，根据学生的具体行为表现，按教师评价指标进行评价，教师评价总分占学习评价的 50%。

教师评价表见附表 6。

四、总结提升

试结合自身任务完成情况，撰写本次任务的工作总结（包含影响产品质量的因素、工艺顺序安排的依据和重要性、企业制订工作生产计划的理由等）。

工作总结（心得体会）

任务拓展

槽轮加工任务拓展

一、工作情境描述

某企业接到一批槽轮零件（图 5–4）加工订单，材料为 LY4，毛坯尺寸为 92 mm×92 mm×20 mm，生产主管计划用数控铣床进行加工。要求设计对刀点及对刀方法，并完成零件加工。

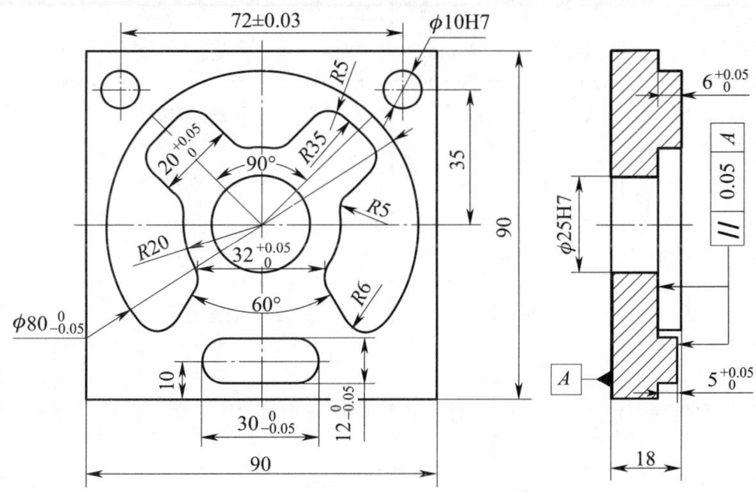

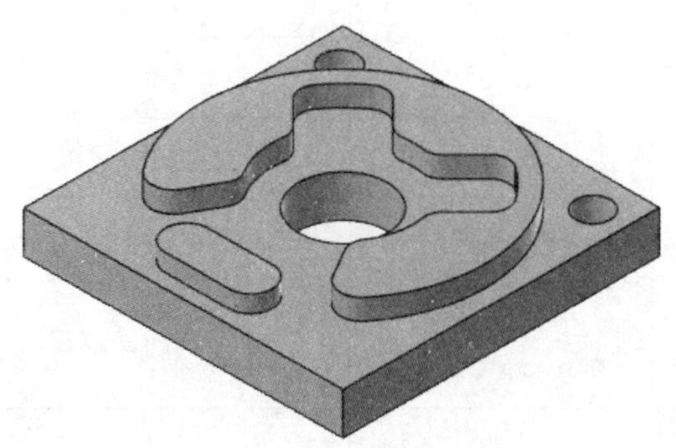

图 5–4　槽轮加工任务拓展

二、检测零件，填写质量检验单

根据图样要求，自检零件，并将检测结果填入表 5–14 中。

表 5-14　槽轮加工任务拓展检测记录表

序号	名称	配分	项目与技术要求	评分标准	检测记录	得分
1	主要尺寸（55 分）	5	$\phi 80_{-0.05}^{0}$ mm	超差不得分		
2		5×2	$20_{0}^{+0.05}$ mm（2 处）	超差不得分		
3		5	$30_{-0.05}^{0}$ mm	超差不得分		
4		5	$12_{-0.05}^{0}$ mm	超差不得分		
5		5	$32_{0}^{+0.05}$ mm	超差不得分		
6		5	（72±0.03）mm	超差不得分		
7		5	$5_{0}^{+0.05}$ mm	超差不得分		
8		5	$6_{0}^{+0.05}$ mm	超差不得分		
9		5	ϕ10H7	超差不得分		
10		5	ϕ25H7	超差不得分		
11	次要尺寸（25 分）	2	35 mm	超差不得分		
12		2	10 mm	超差不得分		
13		2	R35 mm	超差不得分		
14		3	R20 mm	超差不得分		
15		1×2	R5 mm（2 处）	超差不得分		
16		2	R6 mm	超差不得分		
17		1×2	90°、60°	超差不得分		
18		5×2	平行度误差 0.05 mm（2 处）	超差不得分		
19	表面粗糙度（5 分）	5	$Ra \leqslant 3.2$ μm	降级不得分		
20	主观评分（10 分）	3	已加工零件去毛刺是否符合图样要求			
21		4	已加工零件是否有划伤、碰伤和夹伤			
22		3	已加工零件与图样要求的一致性以及其余表面粗糙度			
23	更换毛坯（5 分）	5	是否更换毛坯	是 / 否		

续表

序号	名称	配分	项目与技术要求	评分标准	检测记录	得分
24	职业素养	扣分	能正确穿戴工作服、工作鞋、安全帽等劳动防护用品。每违反一项，扣2分			
25			能按机床使用规范正确进行开关机、对刀等基本操作。每误操作一次，扣2分			
26			能规范使用及保养工具、量具和辅具。每违反操作一次，扣2分			
27			能做好设备清洁、保养工作。不清洁，不保养，扣3分；保养不彻底，扣2分			
总配分			100	总得分		

世赛知识

世界技能大赛数控铣项目中国参赛成绩

我国 2010 年加入世界技能组织，2011 年首次参加世界技能大赛，至今已参加五届大赛，数控铣项目累计获得 3 枚金牌、1 枚铜牌和 1 个优胜奖。获奖情况见表 5–15。

表 5–15　　奖牌榜（2011—2019 年）

赛事	奖牌	选手	培养学校
第 41 届世界技能大赛	优胜奖	王泽民	江苏省盐城技师学院
第 42 届世界技能大赛	铜牌	谢海波	佛山南海技师学院
第 43 届世界技能大赛	金牌	张志坤	广东省机械技师学院
第 44 届世界技能大赛	金牌	杨登辉	广东省机械技师学院
第 45 届世界技能大赛	金牌	田镇基	广东省机械技师学院

附　　录

附表 1

交接班记录

设备名称：____________　设备编号：____________　使用班组：____________

项目	交接机床	交接工具、量具、夹具、刃具			交接图样	交接材料	交接成品件	交接半成品件	工艺技术交流
数量、使用情况（交班人填）									
交班人									
接班人									
日期									

附表 2

设备日常保养记录卡

设备名称：________ 设备编号：________ 使用部门：________ 保养年月：________ 存档编码：________

保养内容 \ 日期	1	2	3	4	5	6	7	8	9	10	11	12	13	14	15	16	17	18	19	20	21	22	23	24	25	26	27	28	29	30	31
环境卫生																															
机身整洁																															
加油润滑																															
工具整齐																															
电器损坏																															
机械损坏																															
保养人																															
机械异常备注																															

审核人：________ ______年______月______日

注：保养后，用“√”表示日保；“△”表示周保；“○”表示月保；“Y”表示一级保养；“×”表示有损坏或异常现象，应在“机械异常备注”栏予以记录。

附表 3

学生自我评价表

班级：________ 学生姓名：________ 学号：________

评价项目	评价内容	评价标准			得分
		偶尔	经常	完全	
知识技能	能独立捕捉任务信息，明确工作任务与要求，制订工作计划	0 ~ 2	3 ~ 4	5 ~ 7	
	能认真听讲，根据任务要求，合理选择指令，编辑加工程序并校验	0 ~ 2	3 ~ 4	5 ~ 7	
	能主动参与角色分工，尽心尽责全程参与工作任务	0 ~ 2	3 ~ 4	5 ~ 7	
	观看微课、课件和教师示范操作，能进行刀具、工件的正确装夹并对刀	0 ~ 2	3 ~ 4	5 ~ 7	
	能规范、有序地进行产品零件的加工	0 ~ 4	5 ~ 7	8 ~ 10	
	能通过小组协作，选用合适的量具对产品进行测量	0 ~ 2	3 ~ 4	5 ~ 7	
职业素质	能按时出勤，实习着装规范。遵守课堂学习纪律，不做与学习任务无关的事情	0 ~ 2	3 ~ 4	5 ~ 7	
	生产操作中，能善于发现并勇于指出操作员的不规范操作	0 ~ 2	3 ~ 4	5 ~ 7	
	能主动分析、思考问题，积极发表对问题的看法，提出建议，解决问题	0 ~ 4	5 ~ 7	8 ~ 10	
	能主动参与并服从团队安排，互助协作，分享并倾听意见，反思总结，完善自我	0 ~ 2	3 ~ 4	5 ~ 7	
	能保持认真细致、精益求精的工作态度	0 ~ 4	5 ~ 7	8 ~ 10	
	能积极参与汇报工作（汇报员需表述清晰、专业术语准确，非汇报员需协作整合汇报资料和方案）	0 ~ 2	3 ~ 4	5 ~ 7	
	遵守使用实训车间的环境卫生要求	0 ~ 2	3 ~ 4	5 ~ 7	
任务总体表现（总评分）					

附表 4

组内工作过程考核互评表

学习任务名称	班级	姓名	学号

序号	评价内容	评价标准			得分
		偶尔	经常	完全	
1	能主动完成教师布置的任务和作业	0 ~ 4	5 ~ 7	8 ~ 10	
2	能认真听教师讲课，听同学发言	0 ~ 4	5 ~ 7	8 ~ 10	
3	能积极参与讨论，与他人良好合作	0 ~ 4	5 ~ 7	8 ~ 10	
4	能独立查阅资料，观看微课，形成意见文本	0 ~ 4	5 ~ 7	8 ~ 10	
5	能积极地就疑难问题向同学和教师请教	0 ~ 4	5 ~ 7	8 ~ 10	
6	能积极参与合作分工，并指出同学在操作中的不规范行为	0 ~ 4	5 ~ 7	8 ~ 10	
7	能规范操作数控机床进行产品加工	0 ~ 4	5 ~ 7	8 ~ 10	
8	能正确测量后耐心细致地修改加工参数，保证产品质量	0 ~ 4	5 ~ 7	8 ~ 10	
9	能按车间管理要求，规范摆放工具、量具、刀具，整理及清扫现场	0 ~ 4	5 ~ 7	8 ~ 10	
10	能认真总结并反思产品加工任务实施中出现的问题	0 ~ 4	5 ~ 7	8 ~ 10	
任务总体表现（总评分）					

附表 5

组间展示互评表

<table>
<tr><td colspan="3">学习任务名称</td><td>班级</td><td colspan="2">组名</td><td colspan="3">汇报人</td></tr>
<tr><td colspan="3"></td><td></td><td colspan="2"></td><td colspan="3"></td></tr>
<tr><td rowspan="2">序号</td><td rowspan="2">评价内容</td><td rowspan="2" colspan="3">评价程度</td><td colspan="3">评价标准</td><td rowspan="2">得分</td></tr>
<tr><td>偶尔</td><td>经常</td><td>完全</td></tr>
<tr><td>1</td><td>展示的零件是否符合技术标准</td><td>不准确□</td><td>一般□</td><td>很好□</td><td>0 ~ 4</td><td>5 ~ 7</td><td>8 ~ 10</td><td></td></tr>
<tr><td>2</td><td>小组介绍成果表达是否清晰</td><td>不清晰□</td><td>一般，常补充□</td><td>很好□</td><td>0 ~ 4</td><td>5 ~ 7</td><td>8 ~ 10</td><td></td></tr>
<tr><td>3</td><td>小组介绍的加工方法操作是否正确</td><td>不正确□</td><td>部分正确□</td><td>正确□</td><td>0 ~ 4</td><td>5 ~ 7</td><td>8 ~ 10</td><td></td></tr>
<tr><td>4</td><td>小组汇报成果表述是否逻辑正确</td><td>不正确□</td><td>部分正确□</td><td>正确□</td><td>0 ~ 4</td><td>5 ~ 7</td><td>8 ~ 10</td><td></td></tr>
<tr><td>5</td><td>小组汇报成果专业术语是否表达正确</td><td>不正确□</td><td>部分正确□</td><td>正确□</td><td>0 ~ 4</td><td>5 ~ 7</td><td>8 ~ 10</td><td></td></tr>
<tr><td>6</td><td>小组组员和汇报人解答其他组提问是否正确</td><td>不正确□</td><td>部分正确□</td><td>正确□</td><td>0 ~ 4</td><td>5 ~ 7</td><td>8 ~ 10</td><td></td></tr>
<tr><td>7</td><td>汇报或模拟加工过程操作是否规范</td><td>不规范□</td><td>部分规范□</td><td>规范□</td><td>0 ~ 4</td><td>5 ~ 7</td><td>8 ~ 10</td><td></td></tr>
<tr><td>8</td><td>小组的检测量具、量仪保养完好吗</td><td>不合要求□</td><td>一般□</td><td>良好□</td><td>0 ~ 4</td><td>5 ~ 7</td><td>8 ~ 10</td><td></td></tr>
<tr><td>9</td><td>小组成员团队创新精神如何</td><td>不足□</td><td>一般□</td><td>良好□</td><td>0 ~ 4</td><td>5 ~ 7</td><td>8 ~ 10</td><td></td></tr>
<tr><td>10</td><td>小组汇报展示的方式是否新颖（利用多媒体等手段）</td><td>一般□</td><td>良好□</td><td>新颖□</td><td>0 ~ 4</td><td>5 ~ 7</td><td>8 ~ 10</td><td></td></tr>
<tr><td colspan="8">任务总体表现（总评分）</td><td></td></tr>
<tr><td colspan="2">小组汇报中遇到的问题和建议</td><td colspan="7"></td></tr>
</table>

附表 6

教师评价表

班级：________ 学生姓名：________ 学号：________

<table>
<tr><th rowspan="3">评价项目</th><th rowspan="3">评价标准</th><th colspan="3">教师评价（占总评 50%）</th><th rowspan="3">得分</th></tr>
<tr><th>偶尔</th><th>经常</th><th>完全</th></tr>
<tr><th>0 ~ 4</th><th>5 ~ 7</th><th>8 ~ 10</th></tr>
<tr><td>能否承担职责</td><td>能主动参与角色分工扮演，尽心尽责全程参与工作任务</td><td></td><td></td><td></td><td></td></tr>
<tr><td>能否服从管理</td><td>能时刻服从组长和教师工作安排，积极完成工作</td><td></td><td></td><td></td><td></td></tr>
<tr><td>能否独立思考</td><td>能独立发现问题，积极发表对问题的看法，思考问题，提出建议，解决问题</td><td></td><td></td><td></td><td></td></tr>
<tr><td>能否团结互助</td><td>能主动交流协作，完成产品的工艺设计</td><td></td><td></td><td></td><td></td></tr>
<tr><td>能有规范意识</td><td>能按照车间操作规范进行操作，遵守使用要求，正确开关设备，维持场地环境整洁</td><td></td><td></td><td></td><td></td></tr>
<tr><td>能否严谨踏实</td><td>能小组协作，认真、细致按照自动加工流程完成产品加工</td><td></td><td></td><td></td><td></td></tr>
<tr><td>能否勇于表达</td><td>能在加工操作中善于发现并勇于指出操作员的不规范操作，并积极参与汇报</td><td></td><td></td><td></td><td></td></tr>
<tr><td>能有质量意识</td><td>能对产品质量精益求精，达到最好的产品加工结果（刀补调试参数和切削参数是否为最优，以零件表面粗糙度和尺寸精度为准）</td><td></td><td></td><td></td><td></td></tr>
<tr><td>能否反思总结</td><td>能反思总结影响产品质量的因素</td><td></td><td></td><td></td><td></td></tr>
<tr><td>能否自律自控</td><td>能控制自己，积极协作，全程参与工作过程</td><td></td><td></td><td></td><td></td></tr>
<tr><td>总体意见</td><td colspan="5"></td></tr>
<tr><td colspan="5">任务总体表现（总评分）</td><td></td></tr>
</table>